JURIK MÜLLER

DIE 444 BESTEN BAUERN REGELN

Im Einklang mit der Natur durchs Jahr

blv

Was Sie in diesem Buch finden

Bauernregeln – gereimte Weisheiten

Alles, was man wissen muss

Häufig sind Bauernregeln, die zum ältesten überlieferten Sprachgut gehören, das Ergebnis wiederholter Naturbeobachtungen über Generationen hinweg. Viele von ihnen nehmen Bezug auf das Wetter, die Witterung oder auf das Gedeihen der Feld- und Gartenfrüchte.

Schon in alter Zeit setzten sich Schriftgelehrte mit Wetter, Witterung und Klima auseinander. Meist waren es Mönche, die zur Feder griffen und ihre Erkenntnisse über die Rolle von Wind, Sonne und Wolken zu Papier brachten. Die meisten Bauern waren des Schreibens nicht kundig. Sie gaben ihr Wissen über die Zusammenhänge zwischen Wetter und Witterung auf der einen Seite und den Erscheinungen in der Natur auf der anderen Seite vermutlich von Alt zu Jung in der Familie oder an die Nachbarn im Dorf weiter. Mitunter sind in dem uns überlieferten umfangreichen Schatz der alten Bauernregeln Unsinn, Aberglaube, Träume und Hoffnungen der Menschen miteinander verwoben. Viele der Sprüche aber geben die Erfahrungen zahlreicher Generationen in gebündelter Form wieder und eignen sich für tatsächliche Vorhersagen. Eine Geringschätzung dieser bäuerlichen Weisheiten durch studierte Zeitgenossen zeugen von wissenschaftlicher Arroganz. Unsere Altvorderen verfügten nicht über Wetterberichte aus Radio und Fernsehen und schon gar nicht über leistungsstarke Großcomputer und Satellitenbilder.

Bange Blicke zum Himmel

Bewegt von der Frage, wie es wohl in den folgenden Monaten um sein Heu und Korn bestellt sein würde, ließ der Bauer besonders im Frühling sorgenvoll seinen Blick zum Himmel schweifen. Aber auch nach Einbringung der Feldfrüchte sowie des Obstes und Gemüses aus dem Bauerngarten bereitete der bevorstehende Winter dem Landmann oft Unbehagen, wusste er doch nicht, ob das beim Dreschen des Getreides gewonnene Korn zur Gewinnung des Mehls für das tägliche Brot oder das eingelagerte Futter zur Ernährung des Viehs bis zum nächsten Frühjahr ausreichen würde. Mitunter erhielt er, ohnehin sensibilisiert für Erscheinungen in der Natur, durch bestimmte Anzeichen oder Besonderheiten in der Pflanzen- und Tierwelt eine Antwort darauf. Die Niederschrift der sich aus Beobachtungen der Natur und Umwelt ergebenden Zusammenhänge in Reimform erleichterte es den Bauern, aber auch Schäfern und Waldarbeitern, sich diese zu merken.

OBEN: **Früchte der Roten Johannisbeere wenige Tage vor der Pflückreife. Dieses Strauchobst ist sehr gesund.**

Bauernregeln in ihrer Vielfalt

Die Bauernweisheiten, die unsere Beachtung verdienen, können sehr vielfältig sein. Sie lassen sich unterscheiden in solche, die eine wirkliche Wetter- oder Witterungsvorhersage enthalten, wie »Wenn Wolken und Wind sich grüßend begegnen, fängt's in Bälde an zu regnen«, »Fängt der August mit Hitze an, bleibt sehr lang die Schlittenbahn« oder »Wenn Flammen aus Moorboden und Sumpfwasser schlagen, wird Frau Sonne sich weiter ans Himmelszelt wagen«, sowie solche, die Wünsche bezüglich des Wetters, der Witterung und des Pflanzenwachstums äußern, wie »Die Erde muss ihr Betttuch haben, soll sie der Winterschlummer laben« oder »Soll gedeihen Korn und Wein, muss im Juni warm es sein«. Andere Sprüche wiederum geben Empfehlungen für die Feldarbeit. Dazu gehören die Reime »Wenn am Stachelbeerbusch die ersten Blättlein sich entfalten, dann muss der Bauer mit dem Pfluge walten« und »Wenn die Birke Kätzchen hat, ist es Zeit zur Gerstensaat«. Ein nicht unbedeutender Teil von Bauernweisheiten trifft Feststellungen wie »Das Lösegeld für einen König ist für eine Schüssel Märzenschnee zu wenig« und »Der Mai zum Wonnemond erkoren, hat oft noch Reif hinter den Ohren«. Die Sprüche »Gedeihen im April die Schneck' und die Nessel, so füllen sich der Speicher und das Fässel« und »Je mehr die Maikäfer verzehren, desto mehr Korn wird die Ernte bescheren« enthalten dagegen landwirtschaftliche Prognosen.
Darüber hinaus gibt es Regeln, in denen Pflanzen oder Tiere als Wetter- oder Witterungspropheten in Erscheinung treten, wie »Schmückt sich's Frauenmantelblatt mit Diadem, wird Regenwetter für den Wanderer zum Problem«, »Späte Rosen im Garten, der Winter lässt warten«, »Wenn abends die Katzen sich öfters lecken, wird morgen uns Frau Sonne wecken« und »Dreht die Kuh mit dem Schwanz sich von Osten nach Westen, entwickelt das Wetter sich nicht zum Besten«. Einigen der hier erwähnten Sprüche werden wir im Buch wiederbegegnen.

OBEN: **Die bereits von den Azteken verehrte Sonnenblume stellt eine Augenweide dar.**

Datierungsprobleme durch die Kalenderreform

Ein nicht unerheblicher Teil der Bauernregeln ist an die Gedenk- bzw. Namenstage von Heiligen geknüpft. Das sind die sogenannten Lostagsregeln. So spielen besonders im

Bewusstsein älterer Menschen bestimmte Tage im Jahresverlauf wie Mariä Lichtmess (2. Februar), Sankt Georg (23. April), die Eisheiligen (11. bis 15. Mai), der Johannistag (24. Juni), Siebenschläfer (27. Juni), Siebenbrüder (10. Juli), Mariä Himmelfahrt (15. August) und der Katharinentag (25. November) eine große Rolle. Diese finden noch heute bei volkstümlichen Witterungsprognosen viel Beachtung. Man tut gut daran, die Lostagssprüche nicht wörtlich auf einen Tag zu beziehen. Außerdem ist es mit der genauen Datierung so eine Sache, denn häufig ist unbekannt, ob diese Bauernsprüche und Wetterregeln älter als die im Jahre 1582 von Papst Gregor XIII. verordnete Kalenderreform sind, die festlegte, dass dem 4. Oktober der 15. Oktober zu folgen habe. Zehn Tage wurden damals aus dem Kalender gestrichen. Nur in den seltensten Fällen dürften die Bauernregeln nach der Kalenderreform umdatiert worden sein.

Auch wenn die Sprüche die Leistungen der modernen Meteorologie nicht ersetzen können, sollten sie doch von Zeit zu Zeit in das Bewusstsein besonders auch jüngerer Menschen gehoben werden, gingen doch in der Hektik unserer schnelllebigen Zeit das Gespür für die Vorgänge in der Natur und die Fähigkeit der Beobachtung solcher Vorgänge verloren. Vorliegendes Buch, das man als eine Wanderung durch die Jahreszeiten ansehen kann, soll das Interesse des Lesers an der Wiedergewinnung dieser abhandengekommenen Eigenschaften wecken.

Dr. Jurik Müller
Plößnitz, März 2016

OBEN: **Der Hahn hoch über dem Garten zeigt an, woher der Wind weht, und erlaubt Rückschlüsse auf die Wetterentwicklung in den kommenden Stunden und Tagen.**

Januar, Hartung, Schneemond oder Eismond

Bauernregeln im Januar

Der Januar, von den Bauern in alter Zeit auch »Großes Horn« genannt, was so viel wie »erwachsenes, ungeliebtes Kind« bedeuten könnte, ist der im Schnitt kälteste Monat des Jahres. Während die Saat oft unter einer schützenden Schneedecke liegt, ruht die Feldarbeit.

1. Januar

Deckt Schnee die Felder um Neujahr zu, legt sich der Weizen bis Roman (28.2.) zur Ruh'.

Nach dem sogenannten Weihnachtstauwetter, das im Tiefland zu einem vollständigen, im Bergland häufig zu einem partiellen Abschmelzen der Schneedecke führt, sorgt der Winter um den Jahreswechsel oft für Nachschub an weißer Pracht. Unter dem Schnee, der meist Ende Februar dem Frühling weichen muss, ist das Getreide vor dem Zugriff von Väterchen Frost sicher.

2. Januar

Lässt Makarius die Sonne scheinen, wird der September keine Träne weinen.

Auf den ersten Blick scheint sich diese Regel nicht zu bestätigen, doch wendet man sie stattdessen auf den 12. Januar an, bekommt sie Hand und Fuß. Reichlichem Sonnenschein folgt dann in zwei Dritteln aller Fälle auch ein September, in dem die Sonne mehr als normalerweise vom Himmel lacht und die Regenwolken ins Abseits stellt. Die zehntägige Differenz hinsichtlich der Anwendbarkeit dieses Bauernreimes lässt sich wahrscheinlich auf die gregorianische Kalenderreform zurückführen.
Der Priester und Einsiedler Makarius von Alexandria wurde um 295 geboren und starb um 395. Er soll sieben Jahre lang ein strenges und enthaltsames Leben in der ägyptischen Wüste geführt haben. Ihm werden viele Wunder zugeschrieben.

3. Januar

Tummeln abends sich die Meisen am Futterhaus, bleibt baldiger Neuschnee ganz sicher nicht aus.

Sich vor Sonnenuntergang zahlreich am Futterhäuschen einfindende insektenfressende Vogelarten wie Kohl-, Blau- und Tannenmeise deuten oft auf bevorstehende Kälteeinbrüche mit Schneefällen hin. Die Erklärung für das Verhalten der Vögel ist relativ einfach: Fallen nach einem milden Tag die Temperaturen beträchtlich, pflegt sich die Feuchtigkeit aus der Luft als Eisschicht auf Stamm, Äste und Zweige der Bäume zu legen. Die in den

OBEN: **Vögel beim Abendbrot am Futterhäuschen. Gerade im Winter benötigen die kleinen gefiederten Freunde unsere Hilfe.**

Ritzen und Nischen der Rinde verborgenen Insekten sind dadurch für die Vögel nicht mehr erreichbar, was diese zwingt, die Futterhäuschen im Garten oder am Fenster aufzusuchen und Körner zu fressen.

4. Januar

Wenn Angela starke Fröste bringt, dem Winter noch mancher Schlag gelingt.

Stellen sich vor und um das Namensfest der Terziarin und Mystikerin Angela von Foligno, die von 1248 bis 1309 in Italien lebte, starke Fröste ein, bestehen zur Freude der rodelhungrigen Kinder und Wintersportler gute Chancen auf noch zahlreiche Tage mit schneereichem und deftig kaltem Winterwetter. Angela von Foligno soll all ihren Besitz verkauft und in Armut und Buße gelebt haben.

OBEN: Frau Holle lädt ein: Die Abfahrt mit dem Schlitten ins Tal bereitet rodelhungrigen Kindern viel Spaß.

5. Januar

Wenn um Gerlach Regen fällt vom Himmel und der Wind die Tropfen in den Zweigen wiegt, sattelt Antonius (17.1.) erst wieder den Schimmel, sodass Schnee durch die Lüfte wie Federn fliegt.

Herrscht vom 5. bis 14. Januar trübes und mildes Wetter mit Regenfällen vor, kann man in 80 Prozent aller Fälle davon ausgehen, dass sich zu Beginn der zweiten Monatshälfte nach einem Übergang der Niederschläge in Schnee frostiges und trockenes Hochdruckwetter mit Nebel oder auch Hochnebel in den Niederungen einstellt.
Der als Patron gegen Viehkrankheiten verehrte Gerlach, der um 1100 in Valkenburg geboren wurde und 1172 oder 1177 in Houthem starb, widmete sich der Pflege von Kranken, bevor er sein Dasein als Einsiedler in einer hohlen Eiche bei Houthem fristete.

6. Januar

War bis Dreikönig noch kein Winter, so folgt auch keiner mehr dahinter.

An dieser auf Caspar, Melchior und Balthasar gemünzten Bauernregel ist wirklich was dran. Immerhin stellt sich nach einem bis Heilige Drei Könige milden Winter in nur zwei von zehn Fällen ein unterdurchschnittlich temperierter »Restwinter« ein. In den übrigen acht Fällen lässt der verbleibende Winter für Skiläufer und Schneefans viele Wünsche offen. Die drei Weisen aus dem Morgenland wurden von einem weit leuchtenden Stern zur Krippe nach Bethlehem geführt. Sie hatten

Myrrhe als Symbol der Selbstdisziplin, Gold als Zeichen der Weisheit und Macht sowie Weihrauch als Ausdruck der Ehrfurcht als Geschenke in ihrem Gepäck. Auf die Türbalken pflegt man zu Dreikönig mit Kreide »C+M+B« zu schreiben. Mit großer Wahrscheinlichkeit beziehen sich diese Buchstaben auf den lateinischen Spruch »Christus mansionem benedicat« (»Christus segne dieses Haus«) und nicht auf die Anfangsbuchstaben der Namen der drei Weisen.

Fahren Caspar, Melchior und Balthasar Schlitten, braucht man bis März um Neuschnee nicht bitten.

Wenn sich um den Dreikönigstag bereits eine dickere Schneedecke ausgebildet hat, so hält die winterliche Witterung auch im Tiefland noch oft über Wochen hinweg an, mitunter bis in den März hinein. Als ein Paradebeispiel dafür gilt der Winter 1978/79.

7. Januar

Hat der Frost Wald und Acker um Raimund im Griff, friert fest um Antonius (17.1.) im Fluss jedes Schiff.

Liegt von Weihnachten bis Raimund eine Schneedecke, herrscht somit in dieser Zeit frostiges Wetter, liegt die Wahrscheinlichkeit, dass der zweite meteorologische Wintermonat zu kalt ausfällt, bei etwa 80 Prozent. Das »himmlische Wetterbüro« sendet dann frostige Grüße aus der Arktis, sodass die Flüsse zufrieren und die Schiffe im Eis festsitzen.

Raimund von Peñafort, der um 1175 geboren wurde und 1275 starb, gilt als Patron der Kirchenrechtsgelehrten.

8. Januar

Siehst du fremde Wasservögel, wird es kalt nach aller Regel.

Oft ist es im Kernbereich nordischer Hochdruckzonen so klirrend kalt, dass alle Gewässer zugefroren und somit die Wasservögel von ihrer Nahrungsgrundlage abgeschnitten sind. Die Vögel begeben sich als futtersuchende »Kälteflüchtlinge« in den Süden in unsere Gefilde, noch bevor die eisige Luft zu uns ausfließt und hierzulande für eine Kältewelle sorgt. Zu ihnen gehören unter anderem Rothals-, Schwarzhals- und Eistaucher, Spießenten, Zwergsäger sowie Singschwäne.

OBEN: Nordische Kälteflüchtlinge finden hier noch Nahrung, sofern die Wasserflächen zumindest teilweise eisfrei sind.

9. Januar

Wenn Basilissa und Julian milde Winde bringen, wird Antonius (17.1.) die Saaten zum Winterschlaf zwingen.

Nach milderen Januartagen überziehen Frau Holle und Väterchen Frost die Saaten mit einer schützenden und wärmenden Decke aus Schnee. Diese ist auch notwendig, wird es doch um Antonius unter Hochdruckeinfluss oft bitterkalt. Julian und Basilissa werden als Schutzpatrone der Gastlichkeit verehrt. Sie waren ein im 3. Jahrhundert in Ägypten lebendes Ehepaar, das sein Haus Notleidenden und Kranken öffnete.

Bringt der Januar uns Nebelreigen, wird der Winter im März noch nicht schweigen.

Stellt sich im Januar öfter »Waschküchenwetter« ein, dann gestaltet sich das Frühjahr in sechs bis sieben von zehn Fällen zu feucht, das heißt niederschlagsreich. Die Niederschläge treten, was im März nicht ungewöhnlich ist, dann auch in fester Form auf, insbesondere in den Nachtstunden.

10. Januar

Wenn im Winter die Sonne rot untergeht und der Wind auf westliche Richtungen dreht, schaut der Schneemann traurig aus, nimmt doch der Frost dann meist Reißaus.

Diese Regel spricht für sich. Mit einem auf West drehenden Wind werden meist feuchtere und mildere Luftmassen herangeführt. Die Wasserdampfmoleküle brechen vor allem das rote Licht. So erscheint auch ein bereits wolkiger Himmel bei Sonnenuntergang zumindest teilweise rot. Über den Gefrierpunkt steigende Temperaturen setzen dem Schneemann dann arg zu.

11. Januar

Wärmt Lucius mit Schnee die Getreidefelder, bringt Matthias (24.2.) den Frühling in Flur und Wälder.

Gleicht an Lucius die Landschaft einem Wintermärchen, braucht sich der Bauer um Wintergetreide und Winterraps keine Sorgen zu machen. Häufig liegt die weiße Pracht, das hängt natürlich auch von der Höhenlage ab, bis Ende der zweiten Februardekade. Erst dann muss sie dem Lenz den Platz räumen. Bischof Lucius, der im Jahre 180 in Brundisium, dem heutigen Brindisi in Italien, verstarb, vollbrachte viele Wunder. So soll er ein Dorf von einer tödlichen Schlange errettet haben.

12. Januar

Hat Tatjana Sonnenschein im Geleit, hält sich ein freundlicher Herbstmond (September) bereit.

Dieser Spruch ist nicht von der Hand zu weisen. Lacht nämlich Klärchen um den 12. Januar voller Lust vom Firmament, stellt sich in sieben von zehn Jahren ein sonnenscheinreicher September ein, was auch für wundervolle Altweibersommertage spricht. Die vor allem in der lateinischen, griechischen und russischen Kirche verehrte Tatjana soll um das Jahr 200 in noch sehr jungem Alter unter Kaiser Septimus Severus in Rom das Martyrium erlitten haben.

13. Januar

Schwirren um Hilarius Mücken überm Mist, der Winter nach zehn Tagen die Wärme frisst.

Die bedingte Wahrscheinlichkeit, dass Väterchen Frost nach einem längeren Abschnitt überdurchschnittlich temperierter Witterung, die sogar Mücken um Hilarius auf den Plan ruft, nicht ewig stillhalten und eisige Kälte bescheren wird, ist relativ hoch.
Hilarius von Poitiers, der um 315 das Licht der Welt erblickte und im Jahr 367 starb, tritt in der Kunst als Schlangen- oder Drachentöter in Erscheinung.

14. Januar

Schenkt Engelmar der Sonne einen Wolkenbesen, kann nachts der Winzer seinen Eiswein lesen.

Ist der Himmel um Engelmar von Wolken befreit, herrscht in den Nachtstunden eine verstärkte Ausstrahlung. Das hat zur Folge, dass die Temperatur bis zum Morgen stark abnimmt. Der Temperaturrückgang erweist sich bei Vorhandensein einer Schneedecke als besonders groß. Ab minus acht Grad und darunter können die am Rebstock verbliebenen Weinbeeren durchfrieren und, sofern im Verlauf des Winters noch nicht erfolgt, die Eisweinlese vorgenommen werden.
Engelmar war ein Bauernsohn, der in Passau Schüler eines armenischen Bischofs wurde. Er machte sich als Tierheiler und als Freund der Bauern einen Namen. Im Jahre 1096 wurde er im Bayerischen Wald ermordet.

15. Januar

Lacht die Sonne um Paulus von ihrer Himmelsstiege, legt sie der Nacht den Frost in die Wiege.

Viel Sonnenschein um Mitte Januar ist häufig auf Hochdruckeinfluss und die Zufuhr kontinentaler Luftmassen von Nordosten und Osten zurückzuführen. Da es nachts dann meistenteils auch sternenklar ist, sinkt das Thermometer weit unter den Gefrierpunkt.

OBEN: Nach Sonnenuntergang wird es bei fehlender Bewölkung und »einschlafendem Wind« oft bitterkalt überm Schnee.

Paulus von Theben wurde um das Jahr 228 als Sohn reicher Eltern in Ägypten geboren und soll um das Jahr 341 im hohen Alter von 113 Jahren gestorben sein. Er wird in der Kunst in einem aus Palmenblättern geflochtenen Gewand dargestellt und als Schutzpatron der Korb- und Mattenmacher verehrt.

Scheint die Sonne oft hell über'm Januarschnee, gehst du im Sommer oft baden im See.

Gelingt es Klärchen bei einer überdurchschnittlichen Zahl an Schneedeckentagen im Januar, die Wolken im Monatsverlauf immer wieder ins Abseits zu stellen, dann muss in sechs von zehn Fällen mit einem zu warmen Sommer gerechnet werden.

16. Januar

Wächst das Korn im Januar, wird es auf dem Markte rar.

Das durch ein überdurchschnittliches Wärmeangebot bedingte Wachstum zur falschen Zeit findet in einer verstärkten, das Wintergetreide schwächenden Unkrautkonkurrenz seinen Ausdruck. Darüber hinaus benötigen die Halmfrüchte auch einen entwicklungsstimulierenden Kältereiz. Fehlt dieser, sind Abstriche am Ertrag vorprogrammiert. Außerdem müssen schlechte Ertragsbildungsbedingungen im Frühling (langer Märzwinter) und im Sommer (Hitze, Bodendürre) ins Kalkül gezogen werden.

17. Januar

Wenn zu Antoni die Luft ist klar, gibt's bestimmt ein trockenes Jahr.

Herrscht um Antonius sonnenscheinreiches Wetter, so fällt das Jahr in sieben von zehn Fällen tatsächlich zu trocken aus. Prägt um Antonius oder auch in den Januartagen zuvor eine bodennahe Ostströmung die Witterung, dominieren in den meisten der betrachteten Jahre über die Mehrheit der Monate hinweg östliche Winde, die trockene Festlandsluft herantransportieren. Das Ergebnis ist ein niederschlagsarmes und sonnenscheinreiches Jahr.
Antonius der Einsiedler, der um 251 das Licht der Welt erblickte und im Jahr 356 im Alter von 105 Jahren starb, half während der Christenverfolgung unter Lebensgefahr vielen Menschen. Er wird als Patron der Weber, Ritter, Bauern, Zuckerbäcker und Korbflechter sowie der Haustiere verehrt.

18. Januar

An Margareta muss der Frost auf dem Throne sitzen, soll der Schnitter im Juli viel schwitzen.

Da die Winterung die dunkle Jahreszeit am besten unter einer isolierenden Schneeschicht übersteht, wünscht sich der Bauer, dass sich Frost einhergehend mit Flockenwirbel einstellt. Mildes Regenwetter lässt die Saaten enthärten, den Boden aufweichen und die Blätter der jungen Pflanzen infolge von Sauerstoffarmut des Wurzelsystems vergilben und verfaulen.

Margareta wurde wahrscheinlich 1242 als Tochter von Béla IV. in Klissza in Ungarn geboren. Als Zwölfjährige kam sie in das von ihrem Vater gegründete Kloster auf der Haseninsel (heute Margareteninsel) in Budapest. Die Nichte der heiligen Elisabeth von Thüringen starb 1270 in Budapest.

19. Januar

Macht Südwestwind den Januar mild und regenreich, macht Sommersonne die Wiesen trocken und bleich.

Beide im Reim getroffene Aussagen sind im Einzelnen richtig. Tatsächlich beschert der Südwestwind warme und wolkenreiche Luftmassen, die zu Regenfällen neigen und damit eine Erhöhung der Bodenfeuchte zur Folge haben. Sonnenschein im Sommer zehrt dagegen die Bodenwasservorräte aus. Fasst man den Spruch jedoch als Prognose auf, kann man Schiffbruch erleiden.

20. Januar

Schütten Fabian und Sebastian viel Schnee aufs Dach, wird vor Matthias (24.2.) der Frühling nicht wach.

Unsere Altvorderen sagten nicht zu Unrecht, dass Sebastian und Fabian die frostigste Zeit des Winters bescheren. Sie sprachen von der sogenannten Sebastianikälte. Tatsächlich herrscht in 80 Prozent der Jahre in der Zeit vom 16. bis 26. Januar überwiegend frostiges Wetter vor. Geht dieses mit Schneefällen einher, hält sich die Schneedecke oft bis zum Matthiastag.

Sebastian, dessen Leben als Märtyrer um das Jahr 288 endete, wird als Schutzpatron der Eisenhändler, Gerber und Gärtner verehrt. Fabian, der als Papst und Märtyrer im Jahr 250 starb, gilt als Patron der Töpfer und Zinngießer.

21. Januar

Wenn Agnes sich mit milden Lüften zeigt, der Saft in Strauch und Bäumen steigt.

Warme Witterung um den Namenstag der als Patronin der Jungfrauen, Verlobten und Gärtner verehrten Agnes von Rom, die um 258/259 oder im Jahre 304 starb, vermag tatsächlich die Lebensvorgänge in den Bäumen wieder in Gang zu setzen. Daher durften früher wegen des Saftanstieges ab dem 21. Januar keine Bäume mehr gefällt werden.

OBEN: Kleine Hütten mit Schneehaube im Hochgebirge. Im Hintergrund atmet die tief verschneite Bergwelt Ruhe.

22. Januar

Strotzt der Winter um Sankt Vinzenz vor Kraft, noch viel harten Frost und hohen Schnee er schafft.

Bringt Sankt Vinzenz, der im Jahr 304 den Märtyrertod erlitt und als Schutzpatron der Holzfäller, Dachdecker, Ziegelbrenner, Töpfer, Seeleute und Weinbauern verehrt wird, uns ausgeprägtes kaltes Hochwinterwetter, werden auch häufig im Februar noch Eis und Kälte dominieren und einem vorzeitigen Einzug des Frühlings Einhalt gebieten.

23. Januar

Januar kalt und rau, nutzt dem Getreidebau.

Für unsere Altvorderen galten kalte und schneereiche Winter nicht als schlimm, waren doch die Saaten vor schädigenden Kältebelastungen geschützt. Vor allem frisch gefallener Schnee weist sehr gute Isoliereigenschaften auf. Eine zehn Zentimeter hohe Neuschneedecke sorgt selbst bei Außentemperaturen von minus 20 Grad dafür, dass sich die Temperaturen unter dem

OBEN: Der Tag beginnt mit klirrendem Frost und Sonnenschein. Bereifte Äste werfen Schatten auf die Schneedecke. Das Wetter lädt zur Skiwanderung ein.

Schnee nur im Bereich leichten Frostes bewegen. Den gleichen Schutzeffekt weist bei Außentemperaturen von minus 30 bis minus 35 Grad eine Schneedecke von 20 Zentimeter Mächtigkeit auf.

24. Januar

Wenn Vera trübes Wetter beschert,
das Frühjahr oft
freundliche Tage verwehrt.

Befinden sich um Vera und einige Tage danach viele Wolken am Himmel, die der Sonne nur wenige Chancen lassen, bekommt man es mit einer Wahrscheinlichkeit von 60 Prozent mit einem tristeren Frühjahr zu tun. Die Wohltäterin Vera lebte um das Jahr 400 und wirkte in Clermont, dem heutigen Clermont-Ferrand.

☙

Je frostiger der Januar,
desto freundlicher das ganze Jahr.

Diese Regel stellt bei genauerer Betrachtung keine Witterungsregel, sondern eine Ernteregel dar. Unter einem freundlichen Jahr verstanden die Bauern ein an den jeweiligen Entwicklungsphasen der Kulturpflanzen orientiertes Wasser-, Wärme- und Feuchteangebot in der Zeit von der Aussaat bis zur Ernte, ging es ihnen doch um einen guten Ertrag sowohl in quantitativer als auch in qualitativer Hinsicht. Für das optimale Gedeihen der Saaten bildeten Frost und Schnee im Januar eine Grundvoraussetzung.

25. Januar

Wenn der Schnee um Paulus im
Sonnenlicht blendet, das Jahr einen guten
Frühling uns sendet.

Lacht um Pauli Bekehrung Klärchen von einem strahlend blauen, zumindest aber wolkenarmen Himmel, sodass der Schnee in Feld und Flur glitzert und eine Sonnenbrille zum unbedingt notwendigen Utensil wird, folgt in drei von fünf Jahren ein an Sonnenschein reicher Frühling, in dem die Bestellung der Felder gut vorankommen wird.

26. Januar

Zeigt sich der Hartung (Januar)
kalt und trocken, wirbelt der Februar
übers Feld die Flocken.

Viel Schnee ist im Februar zu erwarten, wenn sich der Januar bissig kalt und niederschlagsarm präsentiert. So kann in sechs von zehn Fällen eine überdurchschnittliche maximale Schneedeckenhöhe im Februar beobachtet werden.

27. Januar

Sankt Julian bringt Frost und Eis oder des
Schneeglöckchens erstes Frühlingsweiß.

Ab Julian befindet sich der Winter in einer neuralgischen Phase. Entweder Frost und Eis sind weiter an der Tagesordnung bzw. verschärfen sich noch oder es setzt Tauwetter ein. Julian soll von 301 bis an sein Lebensende im Jahr 348 der erste Bischof von

Cenomanis, dem heutigen Le Mans, gewesen sein. Bevor er Bischof wurde, betätigte er sich als Missionar.

Bringt der Januar Regen und Milde, führt im Frühjahr der Frost was im Schilde.

Ein überdurchschnittlich temperierter Januar zieht häufig einen Spätwinter nach sich, sodass sich mitunter sogar zum Osterfest,

OBEN: Der Weg zum Haus führt durch tiefen Schnee. Die Meteorologen haben weiteren Flockenwirbel vorhergesagt.

das auf 35 verschiedene Tagen fallen kann, Flockenreigen einstellt. Das passiert natürlich im Bergland häufiger.

28. Januar

Petrus den Schnee oft zum Schmelzen bringt, erst Dorothea (6.2.) mit Neuschnee winkt.

Teilweise drückt gegen Monatsende nach hochwinterlichem Witterungsgepräge wieder wärmere Luft dem Wettergeschehen ihren Stempel auf. Die Wahrscheinlichkeit, dass der nächste Schnee an Sankt Dorothea (6. Februar) fällt, ist relativ groß.
Der heilige Petrus Nolascus, Schutzpatron der Gefangenen, wurde um 1182 in Carcassonne geboren und starb 1256 in Barcelona.

29. Januar

Trägt Valerius im Herzen Sonnenschein, werden süß die Trauben an Burkhard (14.10.) sein.

Setzt man den Namenstag des heiligen Valerius, der Bischof von Trier war und um das Jahr 420 starb, mit der Witterung des gesamten Monats gleich, kann voranstehende Regel durchaus für eine vorsichtige Prognose der Traubengüte genutzt werden. Tummeln sich nämlich nur wenige Wolken im Verlauf des Januars am Firmament und zeichnet sich dieser Monat durch viele Schneedeckentage aus, wird in 60 Prozent der Fälle der Sommer zu heiß, sodass die Weichen für schmackhafte Trauben gestellt sind.

30. Januar

Wenn Martina und Serena sich sonnen,
verspricht das Jahr dem Winzer Wonnen.

Wolkenarme und sonnige Witterung wird von den Winzern um Martina und Serena, sofern die Lufttemperatur nicht unter minus fünf Grad liegt, gern für den Rebschnitt genutzt. Ein zu später Schnitt hat in der Regel ein zu starkes Bluten der Reben zur Folge. Darunter ist der Austritt des aufsteigenden Saftes aus den »Schnittwunden« zu verstehen. Das Bluten setzt vor der Knospenschwellung ein. Dabei treten neben dem lebensnotwendigen Wasser auch Mineralstoffe und Zucker, das Frostschutzmittel der Rebe, aus. Ein Kälteeinbruch nach dem Bluten kann somit den Weinstock gefährlich schädigen. Dem kann man durch einen rechtzeitigen Rebschnitt Ende Januar, der dem Stock die Möglichkeit gibt, seine Wunden zu »verkorken«, begegnen.
Martina, die als Patronin der stillenden Mütter verehrt wird, starb als Märtyrerin um das Jahr 230 in Rom. Über Serena, deren Name »die Heitere« bedeutet, ist nicht viel bekannt. Ihr Leben endete um das Jahr 291 in Spoleto.

31. Januar

Ist Eusebius milde gesinnt,
der Frühling viel Kraft im März gewinnt.

Gereicht die Witterung um Eusebius dem Winter nicht zur Ehre, dann zeigt sich der März häufig ebenfalls von einer milderen Seite. Das heißt, dass mit einer unterdurchschnittlichen Zahl von Frosttagen zu rechnen ist.
Eusebius, der in Irland das Licht der Welt erblickte und im Jahre 884 auf dem Viktorsberg bei Rankweil in Österreich starb, kam als irischer Benediktinermönch nach Sankt Gallen. Dort lebte er mehrere Jahre in einem Kloster, bevor er sich zurückzog und 30 Jahre lang als Einsiedler auf dem Viktorsberg sein Dasein fristete.

Wenn im Winter Gewitter wüten, musst du dich vor strenger Kälte hüten.

Bei einem Wintergewitter können binnen kürzester Zeit sehr große Mengen Schnee fallen. Meist klart es hinter der Blitz und Donner verursachenden Kaltfront rasch wieder auf. Befindet sich dann eine dicke Schneeschicht auf dem Boden, kann es nachts in der eingeflossenen Luftmasse aus polaren Regionen bitterkalt werden.

OBEN: Die Früchte der Eberesche, auch Vogelbeerbaum genannt, sind eine bevorzugte Winternahrung des Seidenschwanzes.

Februar, Hornung, Narrenmond oder Schmelzmond

Bauernregeln im Februar

Der Bauer wünscht sich im Februar »Saukälte«, damit jegliches Wachstum in der Natur in Schach gehalten wird. Natürlich darf da der Schnee nicht fehlen, sollen die Wintersaaten nicht in Mitleidenschaft gezogen werden. Der Februar, obwohl wärmer als der Januar, erweist sich als Zeit der Kälterekorde. Nicht umsonst heißt es: »Großes Horn und Kleines Horn (Februar) sind beim Kältemachen vorn.«

1. Februar

Wenn um Brigitta schon Schneeglöckchen blühen, verspätet sich der Auftrieb von Ochsen und Kühen.

Eine verfrühte Blüte des Schneeglöckchens zu Februarbeginn setzt mildere Witterung in den Wochen zuvor voraus, die das kleine Zwiebelgewächs ans Tageslicht lockt. Häufig haben frostfreie oder frostärmere Winterwochen spätwinterliche Kälteeinbrüche zur Folge. Diese wirken sich im höheren Bergland und in alpinen Regionen viel stärker aus, sodass dort der verlängerte Winter einen Auftrieb der Rinder zum Normaltermin nicht zulässt.

Der Äbtissin Brigitta von Kildare, die um 453 das Licht der Welt erblickte und deren Leben im Jahre 523 endete, wird am 1. Februar gedacht. Brigitta gilt als Patronin Irlands, der Kinder und der Wöchnerinnen sowie des Federviehs und der Kühe und wird in der Kunst mit Flamme, Lampe, Kerze und Kuh dargestellt.

2. Februar

Hat an Lichtmess die Sonne viel Kraft, sie starke Fröste bis Tiburtius schafft; doch peitscht der Wind viel Schnee ins Gesicht, nimmt der Frühling den Bauer bald in die Pflicht.

Lichtmess gilt als ein wichtiger Lostag im Jahresverlauf. Zeigt sich der Februar zu Monatsbeginn infolge hohen Luftdrucks sonnig, bleibt der antizyklonale Witterungscharakter oft über längere Zeit erhalten. Hoher Druck zieht in der Regel den Zustrom kontinentaler Luftmassen aus Osteuropa und Sibirien nach sich. Das bedeutet, dass bei klarem Nachthimmel Väterchen Frost in der trockenen Festlandsluft vehement sein Zepter schwingt. Zeichnet sich Lichtmess durch überdurchschnittlich viel Sonnenschein aus, ist im Zeitraum vom 1. Februar bis zum 31. März mit einer Wahrscheinlichkeit von 67 Prozent von einer über der Norm gelegenen Zahl von Frosttagen auszugehen. Lacht also die Sonne Anfang Februar inbrünstig vom Himmel, wird der Februar in sechs von zehn und der März in sieben von zehn Jahren zu kalt.

Während in Nordamerika am 2. Februar ein Murmeltier nach dem Fortgang des Winters befragt wird, pflegt man in Ungarn den Brauch, einen Bären zu »interviewen«, denn einer alten Überlieferung zufolge verlassen die Braunbären zu Lichtmess erstmals ihre

OBEN: **Nadelförmige, zerbrechliche Eiskristalle. Raureif im Gezweig eines Baumes stellt häufig eine Augenweide dar.**

Winterschlafbehausungen, um draußen nach dem Wetter zu schauen. Geben Sturm und Schneegestöber den Ton an – bei nicht zu enger Auslegung kann darunter auch windiges, nasskaltes, zu Mischniederschlägen neigendes Wetter verstanden werden –, beenden die Bären ihre Winterruhe und streifen in Erwartung des nahenden Frühlings durch Wald und Flur. Strahlt dagegen Klärchen vom Himmel, verschwinden sie sofort in ihren Höhlen, um sich wieder aufs Ohr zu legen.

OBEN: **Das bizarre Raureifkleid des Baumes wird bald von der Sonne und aufkommender Luftbewegung zerstört werden.**

3. Februar

Bringt Blasius Kälte, Schnee und Wind, dann nähert der Lenz sich sehr geschwind; doch hat er viel Sonne im Gepäck, rührt sich der Winter nicht vom Fleck.

Ähnlich wie mit der Lichtmessregel verhält es sich auch mit der auf Blasius gemünzten Spruchweisheit. Tatsächlich macht Väterchen Frost bei Dominanz ruhigen Hochdruckwetters kaum Anstalten, das Terrain zu räumen. Blasius, der im 3. Jahrhundert in Sebaste, dem heutigen Sivas in der Türkei, geboren wurde und um 316 unter Kaiser Licinius das Martyrium erlitt, gilt als Schutzpatron der Windmüller, Ärzte, Maurer, Bauarbeiter, Steinmetze, Musikanten und Wollweber, außerdem als Helfer bei Blasenleiden und Zahnschmerzen. Einer Legende nach versteckte sich Blasius, um der Christenverfolgung zu entgehen, in einer Höhle. Diese wurde von Löwen, Tigern und Bären bewacht. Die Nahrung soll ihm durch Vögel zugetragen worden sein. Als Dank segnete er wilde Tiere und heilte deren Verletzungen. Zu seinen Attributen zählen gekreuzte Kerzen, Schweinskopf und Hechelkamm.

Sonnt sich der Dachs in der Lichtmesswoch', bleibt er danach sechs Wochen im Loch.

Bestimmt hoher Luftdruck mit Sonnenschein in den ersten Februartagen das Wettergeschehen, dürfte sich der Dachs außerhalb seines Baus zumindest tagsüber recht wohlfühlen. Im Verlauf neigen Antizyklonen häufig zur Ausbildung von Nebel- und Hochnebeldecken, die der Sonne mitunter kaum eine Chance lassen. So bleibt es dann auch am Tage oft recht kalt, was den Dachs animiert, sein »Winterschlafgemach« wieder aufzusuchen.

4. Februar

Im Februar müssen die Stürme fackeln, dass dem Ochsen die Hörner wackeln.

In diesem Sprichwort äußert sich der Wunsch des Landmannes, dass Schnee und Kälte das Antlitz des Februars prägen mögen. Weder sanft noch mild noch schön sollte der Februar sein. Wichtig war, dass ein dicker Schneepelz den Saaten die Möglichkeit einer Ruhe- und Kräftigungsperiode vor dem Frühlingserwachen gab.

5. Februar

Zeigt sich Agatha mit Tränen und einem Wolkentuch verhangen, muss am Feldrand der Bauer um seine Saaten bangen; doch zieren Eiskristalle ihr Gesicht, dies viel Getreide im Sommer verspricht.

Der Spruch verdeutlicht, welche Sorgen sich der Bauer machen musste, wenn um den Namenstag der heiligen Agatha von Catania milde, zu Regen- oder Sprühregenfällen neigende Luftmassen dem Wettergeschehen ihren Stempel aufdrücken. Ein spätwinterlicher Kälteeinbruch konnte den ihrer Frostresistenz beraubten Saaten den Todesstoß versetzen. Dagegen waren bei Vorhandensein einer ausdauernden Schneedecke dem Bauern viele Ängste genommen.

Agatha wird als Schutzheilige von Malta, als Patronin der Ammen, Hirtinnen, Weber und Glockengießer sowie als Helferin bei Brustkrankheiten, Brandgefahr, Unwetter und Erdbeben verehrt. Ein Jahr nach ihrem schrecklichen Tod – man quälte sie mit brennenden Fackeln und wälzte ihren Körper über Scherben und glühende Kohlen – soll man die sich ihrer Heimatstadt Catania nach einem Ausbruch des Ätna nähernde glühende Lava dadurch zum Stillstand gebracht haben, dass man ihr Agathas Schleier entgegenhielt.

6. Februar

Dorothea feiert gern ein Winterfest, hängt Girlanden aus Schnee in des Baumes Geäst.

Dorothea von Kappadokien, die als Patronin der Bräute, Wöchnerinnen, Gärtner, Blumenhändler, Bergleute und Bierbrauer verehrt wird, gilt als Schneebringerin. Die Statistik belegt, dass der 5. und der 6. Februar in Mitteleuropa als schneefallhäufigste Tage im Winterverlauf anzusehen sind.
Dorothea lebte von etwa 290 bis 304/305 und wird in der Kunst als Jungfrau mit Früchten, Blumen, Palmenzweig, Schwert und einem Korb mit Äpfeln und Rosen dargestellt. Der Reim »Dorothea mit einem Korb voll Rosen, lässt den Winter nochmals tosen« knüpft an eine alte Legende an, nach der die Christin Dorothea, als ihre Peiniger sie mit dem Tode bedrohten, erwiderte, dass sie diesen aus Liebe zu ihrem Herrn gern erleiden würde, in dessen Gärten sie viel Freude finden und Rosen und Äpfel brechen werde. Daraufhin rief ihr ein Schreiber zu: »Wenn du

zu deinem Gemahl in den Garten kommst, so schicke mir doch von den schönen Rosen und süßen Äpfeln.« Kurz vor ihrer Enthauptung soll dann ein Knabe mit goldlockigem Haar und einem Korb voll Rosen und Äpfeln erschienen sein.

Ruht im Februar viel Schnee auf den Tannenwipfeln, wird des Bauern Mühe in reicher Ernte gipfeln.

Eine ausgewogene Ruhephase des Wintergetreides unter einer Schneedecke, die keinen Zugriff eisiger Kälte auf die junge Saat erlaubt, entspricht den Wünschen des Landmannes. Ein deftiger Winter hat meist keinen ausgeprägten Nachwinter zur Folge, sodass sich der Bauer im März termingerecht an die Bestellung der Sommerhalmfrüchte machen kann. Die Einhaltung eines optimalen Aussaattermins für das Sommergetreide entspricht der »halben Miete« hinsichtlich eines guten Ertrages.

7. Februar

Bringt Februarkälte weiße Pracht, des Bauern Herz vor Freude lacht; doch macht der Hornung (Februar) warm die Flur, von guter Ernte keine Spur.

In dieser Spruchweisheit kommt die Furcht des Landmannes vor frühlingshaften Temperaturen zur falschen Zeit zum Ausdruck, die zu einer Enthärtung der Wintersaaten führen können. Im Falle eines Kälteeinbruchs bei fehlender Schneebedeckung müssen dann schwere Kahlfrostschäden ins Kalkül gezogen werden. Darüber hinaus besteht die Gefahr, dass Wechselfrost in der Krume infolge der damit einhergehenden Bodenbewegungen durch Auftauen am Tag und Gefrieren bei Nacht zu Wurzelzerreißungen führt.

8. Februar

Gehen mild die Februartage ins Land, trägt Ostern der Kammweg ein weißes Gewand.

Der Bauer geht davon aus, dass aus einem überdurchschnittlich temperierten Februar ein »Nachholbedarf« an Frosttagen im Frühjahr resultiert. Oft aber setzt sich im März die Tendenz zu wenigen Frosttagen fort. Während weiße Ostern im Bergland nicht ungewöhnlich sind, spielt in den Niederungen die Sorge um zu zeitig erschienene Triebe und Knospen eine Rolle, denn ein stärkerer Nachtfrost kann viel kaputt machen.

9. Februar

Will Frau Holle um Apollonia ihre Kräfte ausloten, schickt Roman (28.2.) uns Krokusse als Frühlingsboten.

Wintert es um den Namenstag der heiligen Apollonia, einer Märtyrerin aus dem 3. Jahrhundert, die als Schutzpatronin der Zahnärzte verehrt wird, noch einmal tüchtig ein, ist die Wahrscheinlichkeit, dass sich der Lenz termingemäß einstellt – am 1. März beginnt der meteorologische Frühling –, recht groß. Roman zeichnet sich dann durch Schneeglöckchen, erste Krokusse und Winterlinge aus.

10. Februar

Wenn an Scholastika die Flocken rieseln und keine Tröpfchen vom Himmel nieseln, dann beschert Kunigunde (3.3.) als Eiszerbrecher mit Freuden Krokusse und Märzenbecher.

Flockenwirbel am letzten Tag der ersten Februardekade, an dem der heiligen Scholastika gedacht wird, wirkt sich nicht nachteilig auf den Start in den Frühling aus. Als Eiszerbrecherin lockt Kunigunde die Krokusse und Märzenbecher in Flur und Garten aus dem Boden. Scholastika, die um 480 in Nursia das Licht der Welt erblickte und um 542 bei Montecassino starb, war die Zwillingsschwester von Benedikt von Nursia. Einer Legende zufolge sah Benedikt, als sie starb, ihre Seele als weiße Taube gen Himmel fliegen.

11. Februar

Lässt Anselm den Wind aus Nordosten wehen, kannst du nachts Eisblumen wachsen sehen.

Am Anfang der zweiten Februardekade stellt sich hierzulande häufig sehr strenge bis extrem strenge Kälte ein. Besonders wenn aus Nordosteuropa oder Sibirien über tief verschneite Flächen Festlandsluft einströmt. Eindrucksvoll bestätigte sich dies im Jahr 1929. Damals konnten in Halle (Saale) am 11. Februar, dem Namenstag des Abtes Anselm, minus 27 Grad gemessen werden. Anselm, dessen Leben 1162 endete, wirkte zunächst im Stift Rot an der Rot, bevor das Stift Steingaden unter seiner Führung zu einem Hort hoher Gelehrsamkeit avancierte.

12. Februar

Schreitet Eulalia durch knietiefen Schnee und stauen die Wehen sich am Zaun, grünt frühlingshaft um Gertrud (17.3.) der Klee und du kannst im Garten Radieschen anbau'n.

Kann die Pflanzenwelt um Eulalia unter dickem Schnee den Winterschlummer

OBEN: **Eine Fahrt mit dem Pferdeschlitten durch den Winterwald wird bei viel Sonnenschein zum unvergesslichen Erlebnis.**

genießen und sich kräftigen, wird sie uns um Gertrud, wo die Sonne schon zunehmend an Kraft gewinnt, eindrucksvoll mit Blüten und erstem Blattgrün begrüßen.
Eulalia von Barcelona starb um das Jahr 290 im Alter von 13 oder 14 Jahren während der Christenverfolgung unter Kaiser Diokletian nach zahlreichen Peinigungen. So wurde ihr ein Auge ausgebrannt. Nach ihrem Tod

OBEN: Vom Dach in Richtung Boden wachsende Eiszapfen in gleißendem Licht.

schneite es. Der Schnee soll ihren Körper wie ein Schleier bedeckt haben. Eulalia gilt als Patronin der Seefahrer.

13. Februar

Wenn's der Hornung (Februar) gnädig macht, bringt der Lenz den Frost bei Nacht.

Hält sich Väterchen Frost im Februar zu oft versteckt, spürt er mitunter im Lenzmond (März) das Verlangen, sich insbesondere nachts auszutoben. Darunter haben dann die oft schon treibenden Rosen zu leiden.

Will Februarregen die Niederungen beehren, wird es den Bergen die weiße Gans (Schnee) bescheren.

In Verbindung mit der Zufuhr von milderen oder nur mäßig kalten Luftmassen fallen oft Niederschläge, die im Februar im Tiefland als Regen und im Bergland, zumindest in den oberen Lagen, als Schnee auftreten. Immerhin nimmt die Temperatur bei einer Höhenzunahme von 100 m um durchschnittlich etwa 0,6 Kelvin ab.

14. Februar

In der Zeit um Valentin tüchtig heize den Kamin, denn Frost zieht ins Gemäuer ein, der will erst mal bezwungen sein.

Obwohl der Februar in sieben von zehn Jahren insgesamt milder als der Januar ausfällt, treten in der Zeit um Sankt Valentin häufig die niedrigsten Temperaturen im Jahresverlauf auf. Dann muss im Herd oder Ofen viel Holz verbrannt werden. Nicht zuletzt aus diesem Grunde sind Blumen zum Valentinstag Ausdruck der Sehnsucht nach dem Frühling, des Erwachens der Herzen und aufkeimender Gefühle der Zuneigung.

Auch mehr als 1700 Jahre nach seinem Tod wird Valentin, der als Märtyrer im Jahre 268 starb, als Schutzpatron der Liebenden im Volk verehrt. Dem oder der Liebsten an Sankt Valentin ein paar Salbeiblätter in die Schuhe zu stecken festigt zart geknüpfte Liebesbande für alle Ewigkeit. Dillsamen in der Tasche sollen dagegen ein gutes Mittel sein, um durch Liebeskummer verursachten Herzschmerz zu lindern.

15. Februar

Welkt die Eisblume um Sigurd an den Fensterscheiben, werden Schneeglöckchen und Krokus bald ihre Blüten treiben; doch glitzern weiße Reifgirlanden in den Bäumen, musst du vom Frühling noch ein Weilchen träumen.

Auch wenn um Mitte Februar oft harte Fröste regieren, die sich einem zu raschen Einzug des Frühlings in den Weg stellen, lässt sich in manchen Jahren um diese Zeit schon nachlassende Winterkälte feststellen. Wenn dabei tagsüber sogar schon Wärmegrade und viel Sonnenschein dem Wettergeschehen ihren Stempel aufdrücken, erhöht sich die Entwick-

OBEN: Die Saatkrähen bilden einen schönen Kontrast zum Schnee. Wie auch die Rabenkrähen besitzen sie im Hinblick auf das Wetter scheinbar einen siebten Sinn.

lungsbereitschaft früh blühender Zwiebel- und Knollengewächse wie Schneeglöckchen, Krokusse und Blausternchen.

16. Februar

Bereitet Frost um Juliana dem Weinstock Not, ruht meist unterm Schnee unser täglich Brot; die Saat fühlt sich wohl unter weißer Pracht, bringt eisige Kälte auch die Nacht.

Um Juliana kann nachts noch sehr strenger Frost den Rebstöcken arg zusetzen. Gefährlich kalt kann es für sie werden, wenn der Himmel aufklart und der Wind »einschläft«. Unter der wärmenden Schneedecke bekommt das Getreide vom Kampf des Weinstockes mit der strengen Winterkälte nichts mit.
Als Christin weigerte sich Juliana, die um 285 zur Welt kam, auf dem Gebiet der heutigen Türkei lebte und um 304 den Märtyrertod starb, den Stadtpräfekten Eulogius von Nikomedia zu heiraten. Daraufhin wurde sie nackt ausgezogen, mit Ruten geschlagen, an den Haaren aufgehängt und, nachdem man siedendes Blei auf ihren Kopf gegossen hatte, gefesselt und in den Kerker geworfen. Dort soll ihr der Teufel erschienen sein. Der Legende zufolge soll die bärenstarke Juliana mit ihrer Kraft die ihr angelegten Ketten gesprengt, den Teufel gefesselt und diesen windelweich geprügelt haben. Aus dem Kerker geholt, zog sie den Teufel hinter sich her und warf ihn in die Latrine. Als man sie auf ein Rad gespannt hatte, flog ein Engel heran, um das Folterinstrument zu zerstören. Da sie auch ein Bad in kochendem Blei unbeschadet überstand, wurde sie enthauptet.

17. Februar

Ist es mild um Siebengründer, wird Albinus (1.3.) zum Kältesünder.

Hält der Frühling schon um Siebengründer Einzug, kommt oft das dicke Ende in Gestalt eines ausgeprägten Märzwinters. Mehr will dieser Spruch nicht zum Ausdruck bringen. Bei den sieben Gründern des Servitenordens handelte es sich um Bürger der Stadt Florenz, die sich im Jahre 1233 entschlossen, ein gemeinsames Leben zu führen. Erst 655 Jahre später sprach man sie heilig.

Wenn der Nordwind den ganzen Hornung (Februar) lang ruht, schöpft er im April erst wieder Mut.

Fehlen im Hornung Kälte bringende Nord-, Nordost- und Ostwinde, so trägt dieser meist ein mildes Gewand. Oft folgen dann im März und im zweiten meteorologischen Frühlingsmonat, dem April, wegen seiner Launenhaftigkeit auch als »Eulenspiegel der Monate« bezeichnet, winterliche Episoden, die vor allem nachts noch mit Frost verbunden sein können. Sie gehen häufig mit Winden aus nördlichen Gefilden einher.

18. Februar

Scheint im Februar die Sonne auf den Baum, bleibt dem Obst nur wenig Raum.

Gelangt eisige Luft aus den verschneiten Weiten Sibiriens in der einem sonnigen Tag gewöhnlich folgenden sternenklaren Nacht über einer Schneedecke zur Ruhe, kann es extrem kalt werden. Vor allem Fröste unter minus 20 Grad können dazu führen, dass Knospen an den Obstbäumen erfrieren und diese im Sommer beziehungsweise Herbst nur wenig tragen. Doch es wartet noch eine weitere Gefahr, die dem Baum stark zusetzen kann: Oft kommt es im Februar an den Obstgehölzen zu sogenannten Frostrissen (auch Stammrisse genannt). Diese entstehen durch große Temperaturdifferenzen zwischen Tag und Nacht und zwischen der Süd- und Nordseite eines Baumstammes. So wird die Südseite des Stammholzes tagsüber durch die Sonne beträchtlich erwärmt, während die Nordseite winterlich kalt bleibt. Das führt zu Spannungen im Holz und mitunter zu tiefen, das Leben des Baumes gefährdenden Rissen im Stamm. Die auftretenden Temperaturdifferenzen zwischen Stammnord- und Stammsüdseite können teilweise bis zu 50 Kelvin betragen. Um die durch Strahlungsabsorption auf der Stammsüdseite begünstigten hohen Temperaturen zu vermeiden, versieht man die Stämme mit einem Kalkanstrich. Durch die weiße Farbe wird ein Großteil der einfallenden Sonnenstrahlen reflektiert.

19. Februar

Die weiße Gans im Februar brütet Segen für das ganze Jahr.

Wie sehr die Landbevölkerung die schützende Wirkung des Schnees zu schätzen wusste, belegt dieser Reim. Die »weiße Gans« steht hier als Sinnbild für die weiße, glitzernde Pracht.

20. Februar

Wenn in der Februarsonne die Katze sich rekelt, im März am Kamin die Bäuerin häkelt.

OBEN: Tief verschneite alpine Bergwelt im Sonnenschein. Der kleine Ort erwartet Wintersportler aus nah und fern.

OBEN: **Schneereste auf blühender Zaubernuss. Sie blüht in der zweiten Winterhälfte noch vor dem Blattaustrieb.**

Ist es im Februar ungewöhnlich warm, sodass sich die Stubentiger auf Hof, Wiese, Gehweg oder Terrasse gerne ein sonniges Plätzchen suchen, um es sich dort bequem zu machen, sorgt garantiert ein Nachwinter dafür, dass sich die Bäuerin eine sinnvolle Beschäftigung in häuslicher Umgebung nahe des Ofens, Herds oder Kamins suchen muss.

21. Februar

Der Februar muss stürmen und blasen, soll das Vieh im Lenze grasen.

Wenn sich der Februar wie wild gebärdet und das ganze Register wenig Freude bereitender Eigenschaften zieht, dann ist die Wahrscheinlichkeit relativ groß, dass der März uns den Frühling beschert und dieser die Wiesen und Weiden frühzeitig ergrünen lässt.

22. Februar

Zu Stuhlfeier noch viel Schnee im Garten, dann lässt der Frühling noch ein Weilchen warten.

Bauen sich bei Dominanz hohen Luftdruckes, der oft mit der Zufuhr kalter Festlandsluft einhergeht, die ihrerseits eisige Nächte nach sich zieht, vorhandene Schneedecken um Petri Stuhlfeier nur sehr langsam ab, muss man sich mit dem Einzug des Frühlings gedulden. Petri Stuhlfeier gilt als ein wichtiger Lostag, der in alter Zeit den Frühlingsbeginn im bäuerlichen Jahr markierte. In Tirol begeht man am 22. Februar als Freudenfest über das Wiedererwachen der Natur den »Tag des Kornaufweckens« mit gehörigem Lärm durch Schellen und Kuhglocken und mit hohen Stroh- oder Reisigfeuern.

☙

Um Petri Stuhlfeier frostige Zeit, noch sieben Wochen Reif gedeiht.

Erweisen sich Petri Stuhlfeier sowie der Tag davor und der Tag danach als zu kalt, so wird die Zeit bis zum Ende des Monats März in zwei Drittel aller Fälle durch unternormale Temperaturen geprägt sein. Diese haben oft Reif- oder Raureifbildung zur Folge. In Gedenken an die Festigung und Ausbreitung des Christentums sowohl im Osten als auch im Westen wird das liturgische Fest der Stuhlfeier des heiligen Petrus zu Antiochien (heute Antakya in der Türkei) begangen. Es ist überliefert, dass der Apostel Petrus im Jahr 42 v. Chr. dort Bischof wurde.

23. Februar

Wenn an Polykarp kein Regen fällt, im März man mit Ruhe die Felder bestellt.

Intensiven Regen kann der Bauer um den Namenstag des Bischofs und Märtyrers Polykarp von Smyrna gar nicht brauchen. Immerhin kann stauende Nässe auf Wiesen, Weiden und Feldern zu einer Seenlandschaft führen, vor allem wenn der Regen in eine abtauende Schneedecke fällt. Darüber hinaus verzögert eine aufgeweichte Krume in den ersten Märztagen die Frühjahrsbestellung, da ein Befahren der Äcker mit schwerer Technik zu erheblichen Bodenverdichtungen führen würde. Bleibt der Regen in der Zeit um Polykarp aus, wartet die Zeit bis Ende März in neun von zehn Fällen mit einer unternormalen Zahl von Niederschlagstagen auf.

Polykarp, der um das Jahr 70 geboren wurde und 155 oder 156 starb, wurde nach seiner Rückkehr von einer Reise nach Rom von

OBEN: Winterliche Romantik. Von der Sonne angestrahlte, am Ufer eines Teiches befindliche Trauerweide mit Nebelfrostablagerungen an den hängenden Zweigen.

Heiden zum Feuertod verurteilt. Da ihm die Flammen nichts anhaben konnten, tötete man Polykarp mit einem Dolchstoß.

Mücken, die im Hornung (Februar) summen, werden lange Zeit verstummen.

Ein zu milder Februar, der schon die Mücken auf den Plan ruft, hat meist nachwinterliche Witterungsabschnitte im März und April zur Folge. Das daraus resultierende unterdurchschnittliche Wärmeangebot lässt Mückenaktivitäten nicht zu.

24. Februar

Sankt Matthias hab ich lieb, denn er gibt dem Baum den Trieb.

Am Namenstag des Wetterheiligen Matthias, der um das Jahr 63 gesteinigt oder erschlagen wurde und als Patron der Bauschreiner, Schneider, Zimmerleute, Zuckerbäcker, Metzger und Schmiede sowie als Helfer gegen Keuchhusten und Unfruchtbarkeit verehrt wird, hat die Sonne bereits mehr Kraft und setzt dem alternden Winter ganz schön zu. Oft beginnt um Matthias das Eis auf Teichen und Seen brüchig zu werden, sofern eine

OBEN: Der Blattapparat der Saat ragt aus der Schneedecke heraus und kann bei hartem Frost, der oft bei nächtlicher Ausstrahlung auftritt, geschädigt werden.

tragbare Schicht desselben überhaupt vorhanden war. Zunehmend erwacht das Leben in Bäumen und Sträuchern, und die Knospen beginnen zu schwellen. Altem Volksglauben nach sind an Sankt Matthias die Feldsamen gesegnet. So pflegten die Frauen in früherer Zeit am Matthiastag, nachdem sie den gefrorenen Boden aufgegraben und gelockert hatten, Krautsamen auszusäen.

25. Februar

Friert es nicht im Hornung (Februar) ein,
wird ein schlechtes Kornjahr sein.

Schwächelt der Winter und zeichnet sich anstelle von Dauerfrost und Schnee nur durch Nachtfröste aus, fehlen somit im Februar die sogenannten Eistage (Lufttemperaturmaximum unter dem Gefrierpunkt), dann sorgt der Frostwechsel in der Krume für Hebungs- und Senkungsprozesse, die das noch zarte Wurzelsystem der Winterhalmfrüchte und des Winterrapses zerstören können, sodass die Pflänzchen Ernährungsprobleme bekommen oder ganz absterben.

26. Februar

Ebnet Dionysius spätem Frost den Weg,
vereisen an Albinus (1.3.) Brücken
und Steg; doch lockt er mit Wärme
Blüten hervor, siehst oft du des Huflattichs
goldenen Flor.

Mitunter leitet Dionysius eine spätwinterliche Periode ein. Dabei kann es zu einer gefährlichen Vereisung von Brücken kommen. Mancher Autofahrer kann ein Lied davon singen.

Oft zeichnen sich die letzten Februartage aber durch eine veränderliche und milde Witterung aus. Dann beginnt der Huflattich, eine bekannte Wildpflanze, die auch als Heilpflanze große Bedeutung besitzt, seine goldgelben

OBEN: Dem Wind entgegenwachsende Raufrostablagerungen an einem Mast.

Korbblüten, die uns wie kleine Sonnen entgegenstrahlen, zu entfalten.
Dionysius von Augsburg erlitt im 4. Jahrhundert als Bischof den Märtyrertod durch Verbrennen oder Enthaupten.

27. Februar

Lässt Veronika Zitronenfalter fliegen, wird der Lenz den Winter bald besiegen.

Strömen in den Tagen vor und um Veronika milde Luftmassen bei reichlichem Sonnenschein ein, dann kann der zur Familie der Weißlinge gehörende Zitronenfalter, dessen Flugzeit normalerweise erst im März einsetzt, mitunter schon Ende Februar beobachtet werden. Sein Erscheinen, die Weibchen fliegen übrigens etwas eher als die Männchen, weist darauf hin, dass sich der Frühling schon weit auf dem Vormarsch befindet.
Veronika machte sich einen Namen als Patronin der Leinenweber, Leinwandhändler, Pfarrhaushälterinnen und Wäscherinnen. Obwohl es viele Argumente gibt, die Zweifel an der Existenz von Veronika erheben, ist sie im Volksglauben fest verwurzelt. Sie soll Jesus der Legende nach auf dem Kreuzweg ein Tuch gereicht haben, damit dieser sich sein Gesicht trocknen konnte.

☙

Wenn der Hornung (Februar) warm uns macht, friert's im Mai noch oft bei Nacht.

Die Regel will verdeutlichen, dass einem warmen Februar auf kurz oder lang ein kälte-

OBEN: Ein Rotkehlchen im Sonnenschein als herrlicher Kontrast zur weißen Farbe von Raureif und Schnee und zum azurblauen Himmel im Hintergrund.

rer Witterungsabschnitt folgt. Oft ist nach der letzten Märzdekade mit ungünstiger Witterung für die Wachstums- und Entwicklungsvorgänge in der Pflanzenwelt zu rechnen. Dass ausgerechnet der Wonnemonat Mai mit Nachtfrösten aufwarten soll, hängt wohl mit der Witterungssingularität der Eisheiligen (11. bis 15. Mai) und mit den sogenannten beiden kleinen Eisheiligen (25. und 26. Mai) zusammen.

28. Februar

Will um Sirin und Roman der Lenz noch schlafen, wird Frost nach Kunigunde (3.3.) uns zwölfmal strafen.

Herrscht um Sirin und Roman noch Winterwetter vor, wird auch der März öfter mit winterlichen Kapriolen aufwarten und sich Väterchen Frost noch viel Zeit lassen, bevor er seinen Hut nimmt.
Sirin, der Name bedeutet »die Anmutige«, erblickte als Tochter eines angesehenen persischen Magiers um das Jahr 520 das Licht der Welt. Sie starb um 559. Romanus lebte von etwa 400 bis 463 oder 464 und machte sich als Klostergründer einen Namen.

29. Februar

Februar, der kürzeste der Mondenzahl, ist auch der schlimmste hundertmal.

Dieser Reim weist darauf hin, dass der Februar als Monat der Kälterekorde gilt. So weist etwa die Statistik für die letzten Februartage des Jahres 1986 sehr niedrige Lufttemperaturminima für die Händelstadt Halle aus. Am 27. Februar schlugen minus 19 Grad und am 28. Februar minus 18 Grad als Tiefsttemperaturen zu Buche. Entsprechend soll der Februar zum Januar gesagt haben: »Hätt' ich das Recht wie du, ließ ich erfrieren das Kalb in der Kuh.« Auch für Schneestürme, wie sie im Februar 1956 in ganz Deutschland zu erleben waren, ist der Hornung gut.

OBEN: Noch schwingt der Winter das Zepter, doch der Lenz sitzt schon in den Startlöchern.

März, Frühlingsmond, Lenzmond oder Lenzing

Bauernregeln im März

Der März gilt als die Brücke vom Winter zum Frühling. Grund zur Panik besteht nicht, wenn statt der zu erwartenden Zitronenfalter Schneeflocken vom Firmament schweben. Normalerweise lässt der durch die Sonne erwärmte Boden Schneeglöckchen, Krokusse und Märzenbecher erblühen. Feldlerche, Kiebitz und Star, aber auch Zilpzalp, Bachstelze und Hausrotschwanz zählen zu den Frühheimkehrern.

1. März

Wenn Albinus im Regen geht, noch lange der Pflug im Schuppen steht.

Der Bauer wünscht sich zum meteorologischen Frühlingsbeginn trockenes Wetter, will er doch rechtzeitig die Bestellung des Sommergetreides in Angriff nehmen. Regen würde die im Abtrocknen begriffenen Böden erneut aufweichen und Saatbettbereitung sowie Aussaat ins Wasser fallen lassen. Albinus, der um das Jahr 550 starb, wirkte zunächst als Mönch und Abt, bevor er im Jahre 529 zum Bischof von Angers berufen wurde. Er wird als Patron der kranken Kinder verehrt.

2. März

Wenn im März die Kraniche zieh'n, werden bald die Bäume blüh'n.

Sobald der Winter sein Zepter aus der Hand gelegt hat, machen sich die Kraniche in eindrucksvoller Flugformation auf den Weg in ihre Brutgebiete. Dann lockt der wärmende Frühling in Kürze die ersten Gehölzblüten ans Tageslicht. Das betrifft Seidelbast, Roten Hartriegel, Kornelkirsche (Gelben Hartriegel), Aprikose, Weißdorn, Berberitze, Gewöhnliche Traubenkirsche und Schlehe.

3. März

Lässt Kunigunde die Märzenbecher erblüh'n, lockt sie ans Licht der Sträucher zartes Grün.

Nicht lange nach dem Blühbeginn der Märzenbecher zeigt sich erstes Frühlingsgrün an den Sträuchern der Schneebeere und Stachelbeere, am Gartengeißblatt sowie an Kletter- und Beetrosen.
Kunigunde wird als Frühlingsbotin und Schutzpatronin der Kinder und schwangeren Frauen verehrt. Die Heilige, die um 980 das Licht der Welt erblickte und entweder im Jahre 1033 oder 1039 im Kloster Kaufungen bei Kassel starb, gilt auch als Helferin gegen Eifersucht im Ehestand. Sie war die Gemahlin Kaiser Heinrichs II. und soll der Legende nach über glühende Pflugscharen gelaufen sein, ohne Schaden zu nehmen, wodurch sie vom Verdacht des Ehebruchs losgesprochen wurde.

Wenn's donnert an Kunigund, bleibt das Wetter lange bunt.

Blitz und Donner sind mit Warmluft verbunden. Sie ist im Lenzmond aber von trügeri-

OBEN: Ein beliebter Frühblüher ist der Märzenbecher. Er fühlt sich vor allem in Auenwäldern und Laubmischwäldern wohl.

OBEN: **Goldgelbe Blütenkörbchen des Huflattichs. Die Heilpflanze gegen Hustenreiz zählt zu den ersten Frühjahrsblumen.**

schem Charakter, folgen doch mit großer Wahrscheinlichkeit im launischen April Einbrüche kalter Luft, die mit Schnee- und Graupelschauern einhergehen können. Kurzum, in der »Wetterküche« geht es noch eine Weile drunter und drüber.

4. März

Tut es um Kasimir donnern und blitzen, pfeift lang noch der Nordwind durch alle Ritzen.

Nach einem Witterungsabschnitt mit weit überdurchschnittlichen Temperaturen kann eine mit Gewittern einhergehende Kaltfront in der Zeit um Kasimir eine längere Kälteperiode einleiten. Ein klassisches Wintergewitter mit erheblichen Neuschneemengen ist oft der Beginn eines ausgeprägten Märzwinters mit eisigem Wind aus nördlichen Richtungen.

Kasimir, Schutzpatron Polens und Litauens, wurde am 5. Oktober 1458 in Krakau geboren und erlag 1484 einem Schwindsuchtleiden.

Wenn um Kasimir Gewitter toben, wird der Winter noch nicht seines Amtes enthoben.

Gewitter um den Namenstag des heiligen Kasimir von Polen nach frühlingshaft warmer Witterung ziehen oft die Zufuhr kälterer Luftmassen nach sich. Wird polare oder arktische Kaltluft aus nördlichen Gefilden angezapft, so kann sich ein längerer spätwinterlicher Witterungsabschnitt einstellen.
Kasimir wurde am 5. Oktober 1458 als drittes Kind des Königs von Polen und Großfürsten von Litauen, Kasimir IV. Jagiello, und dessen Ehefrau Elisabeth von Österreich, in Krakau geboren. Er starb jung an Jahren 1484 an Schwindsucht.

5. März

Läuft Regenwasser durch Olivias Haar, bringt wenig Korn das Bauernjahr; doch staubt die Krume am Oliviatag, vom Feld viel der Bauer zu nehmen vermag.

Herrscht um den Tag der heiligen Olivia, die in der ersten Hälfte des 2. Jahrhunderts in Brescia den Märtyrertod starb, regnerisches Wetter, dann verzögert sich die Frühjahrsbestellung des Sommergetreides. Das Wintergetreide wird bei Feuchte im Überschuss nicht gezwungen, ein leistungsstarkes Wurzelsystem auszubilden. Beides wirkt sich im weiteren Jahresverlauf im Hinblick auf die Ertragsbildung negativ aus. Kann dagegen die Aussaat der Sommerhalmfrüchte rechtzeitig erfolgen und zwingt ein trockener Boden die Winterhalmfrüchte zur Ausbildung leistungsfähiger Wurzeln, sind meist die Weichen für eine gute Ernte gestellt.

6. März

Wenn Fridolin keinen Märzwinter bringt und mild die Frühlingslüfte weh'n, dann oft schon des Buchfinken Lied erklingt, in leuchtendem Prachtkleide lässt er sich seh'n.

Verdient der Frühling schon um Fridolin seinen Namen, dann erfreut der Buchfink durch seinen Gesang. Das Buchfinkenmännchen, das zu den hübschesten Sängern in den Gärten zählt, bringt uns mehr als dreitausendmal im Verlauf des Tages von einem erhöhten Platz aus seine Strophe zu Gehör.

Fridolin, der als erster Missionar Alemannias gilt und im 6. Jahrhundert starb, wird als Patron des Kantons Glarus, der Schneider und des Viehs sowie als Helfer bei Wasser- und Feuergefahr verehrt. Der vermutlich aus Irland stammende Heilige wird in der Kunst als Abt oder Wandermönch dargestellt.

OBEN: Die Kraft der Sonne lässt die Eisdecke auf Teichen und Seen, aber auch den Schnee in Wald und Flur schmelzen. Ruhe vor dem großen Frühlingserwachen.

7. März

Wenn Perpetua und Felicitas keine Handschuhe mehr brauchen, will der Zaunkönig vor Freude in Frühlingsluft tauchen.

Zeigt sich der Frühling um Perpetua und Felicitas von seiner freundlichen und milden Seite und gehört das Grau des Winters schon der Vergangenheit an, dann beginnen sich die kälteempfindlichen Zaunkönige erst richtig wohlzufühlen. Harte Fröste, wie sie auch im März noch auftreten können, sind gefährlich für die lebhaften, viel Freude bereitenden Sänger im Garten. Oft sterben bei strenger Winterkälte die kleinen und sehr leichten Vögel, die im Verhältnis zu ihrem Gewicht eine relativ große, wärmeabgebende Körperoberfläche besitzen.
Perpetua und ihre Sklavin und Gefährtin Felicitas wurden 202 oder 203 in der Arena Karthagos wilden Tieren zum Fraß vorgeworfen. Als beide dieses Martyrium überlebten, tötete man sie mit Dolchstichen. Beide Märtyrerinnen zählen zu den ältesten Blutzeugen des Christentums. Ihr Schicksal ist zuverlässig überliefert.

8. März

Dem Golde gleich ist Märzenstaub, er bringt uns Korn und Gras und Laub.

Sind die Krumenfeuchten im Vollherbst und Spätherbst sowie im zeitigen Frühjahr zu hoch, unterliegen die Wintersaaten häufig einem »Verwöhneffekt«. Sie müssen sich um das lebensnotwendige Wasser nur wenig kümmern und bilden daher keine leistungsstarken Wurzelsysteme aus. Bei trockener Krume sind die Wintersaaten dagegen gezwungen, kräftige und leistungsfähige Wurzeln zu entwickeln. Kommt es dann im Vollfrühling und im Frühsommer, bedingt durch den höheren atmosphärischen »Verdunstungshunger«, zu einer raschen Abnahme der Bodenfeuchte, haben Bestände mit schwächer entwickeltem Wurzelsystem Probleme, an das Wasser heranzukommen. Pflanzen mit leistungsstarken Wurzelsystemen können dem raschen Rückgang der Bodenfeuchte besser begegnen.

9. März

Beißt Nachtfrost den vierzig Rittern in die Nasen, ziert vierzigmal noch Reif den Rasen.

Oft weisen Hochdrucklagen mit nächtlichen Frösten um den in der katholischen und orthodoxen Kirche begangenen Vierzig-Ritter-Tag eine große Erhaltungsneigung auf, sodass Tiefsttemperaturen unter dem Gefrierpunkt noch über eine längere Zeit möglich sind.
Bei den vierzig Rittern handelt es sich um römische Soldaten. Sich zum Christentum bekennend, weigerten sie sich, heidnischen Göttern zu opfern. Aus diesem Grunde unterwarf man sie um das Jahr 320 in Sebaste einer barbarischen Tortur. Mit nacktem Körper mussten sie bei strengem Frost auf der Eisdecke eines Sees eine ganze Nacht lang ausharren. Als sie am Morgen noch lebten, soll man ihnen die Beine gebrochen haben. Ihr Martyrium wird auf alten Ikonen dargestellt.

10. März

Wie die vierzig Märtyrer kommen, so wird auch Peter und Paul (29.6.) vernommen.

Die Regel scheint zumindest nicht für alle Regionen Deutschlands brauchbare Ergebnisse zu liefern. Die vierzig Märtyrer, denen am letzten Tag der ersten Märzdekade seitens der evangelischen Kirche gedacht wird, sind identisch mit den vierzig Rittern tags zuvor.

11. März

Rosina gibt dem Landmann das Signal, zum Pflug zu greifen überall, sofern kein Schnee mehr auf den Feldern liegt und stauende Nässe nicht überwiegt.

Zu Beginn der zweiten Märzdekade brannte es den Bauern schon unter den Nägeln, wollten sie doch nach erfolgter Schneeschmelze und Abtrocknung der Krume mit dem Pflug auf die Äcker. Oft gab ihnen Rosina, die in der Kunst als Märtyrerin mit Kreuz, Lilie, Palme und Schwert dargestellt wird, das Startsignal für die Feldarbeiten. Über sie ist nicht mehr bekannt, als dass sie in Wenglingen im Bistum Augsburg das Martyrium erlitten haben soll.

12. März

Um Gregor kommt wieder das Storchenpaar, macht's Wagenrad auf dem Dach als Behausung klar und hofft auf gesunde Kinder fürwahr.

Der Namenstag von Gregor dem Großen, der als Schutzpatron der Gelehrten, Schüler und Studenten sowie der Musiker und Maurer gilt, kann als günstiger Termin für die Ankunft der Störche – nicht zu früh wegen winterlicher Gefahren und nicht zu spät im Hinblick auf den Brutprozess – angesehen werden.
Gregor, der als Papst, Kirchenvater und Kirchenlehrer von sich reden machte, wurde um 540 in Rom geboren und starb im Jahre 604. Zahlreiche seiner Schriften belegen, dass er als Seelsorger wirkte.

OBEN: Störche beziehen ihre Nester auf Dachfirst und stillgelegtem Schornstein. Sie haben eine lange Reise hinter sich.

13. März

Wenn Sonne im Märzen trocknet die Äcker, erfreut viel Roggenmehl den Bäcker.

Der Bauer wünscht sich für die Bestellarbeiten einen nicht zu feuchten, aber auch nicht salztrockenen Acker, soll sein Saatgut keimen und auflaufen. Verhältnismäßig trockene Böden fördern die Ausbildung eines leistungsstarken, hohe Erträge garantierenden Wurzelsystems. Das Optimum der Bodenfeuchte für die Aktivität der Bodenorganismen liegt zwischen 60 und 80 Prozent der Feldkapazität. Unter der Feldkapazität ist die Wassermenge zu verstehen, die der Boden schichtbezogen aufzunehmen vermag.

14. März

Stellt sich um Mathilde Schönwetter ein, pflegt's freundlich und mild bis Ruprecht (27.3.) zu sein.

Zumindest zeichnet sich für die Zeit vom 13. bis 22. März in mehr als zwei Dritteln aller Jahre eine Tendenz zu freundlichem Vorfrühlingswetter ab, das sich in Abhängigkeit von der Druckverteilung im nordatlantisch-europäischen Raum durchaus bis Ruprecht halten kann.
Die in Enger bei Herford um das Jahr 895 geborene Mathilde nahm im Jahr 909 den späteren König Heinrich I. zum Mann. Eines ihrer fünf Kinder ging als Kaiser Otto I. in die Geschichte ein. Mathilde starb 968 in Quedlinburg.

15. März

Wenn trocken sich das Frühjahr zeigt, das Feld zu reicher Ernte neigt.

Abgetrocknete Flächen nach den Wintermonaten entsprechen den Vorstellungen und Wünschen der Bauern im Hinblick auf ein gutes Kornjahr. Auf nassen Flächen war es unseren Altvorderen nicht möglich, mit Pferd, Pflug und Egge die anstehenden Feldarbeiten zu verrichten. Sie mussten warten, bis die Äcker ausreichend abgetrocknet waren. Das konnte bei Sonnenscheinmangel, niedrigeren Temperaturen und dem daraus resultierenden geringeren Verdunstungshunger der Atmosphäre recht lange dauern. In heutiger Zeit stehen die Landwirte vor dem gleichen Problem. Sind die Böden stark aufgeweicht, ist es ihnen nicht möglich, diese mit schwerer Technik zu befahren.

16. März

Wenn die Amseln laut flöten nach langem Schweigen, wollen sie Sturm und Regen anzeigen.

»Mit edeln Purpurröten und hellem Amselschlag, mit Rosen und mit Flöten stolziert der junge Tag«, schrieb C. F. Meyer (1825 bis 1898) in seinem »Morgenlied«. Tatsächlich erfreut der schmelzende Gesang eines Amselhahnes auf Antennen, Dach- oder Baumspitzen viele Menschen. Den wenigsten wird aber bekannt sein, dass die Amsel als »Regenvogel« gilt. Flötet sie im Frühjahr übertrieben laut, ist das ein untrügliches Zeichen für das Bevorstehen feuchten und milden Wetters. Ist im Sommer der Amselgesang statt am Morgen und Abend zu ungewöhnlicher Tageszeit besonders grell zu hören, tut man gut daran, Gewitter und länger anhaltendes Schlechtwetter ins Kalkül zu ziehen.

Lässt Heribert den Bergschnee zu rasch schmelzen, läuft der Bauer im Tal über'n Hof auf Stelzen.

Sorgt ein extremer Warmlufteinbruch um Heribert auch im höheren Bergland, das im März oft noch unter tiefem Schnee liegt, für starkes Tauwetter, dann gelangt mitunter sehr viel Schmelzwasser in die Täler. Dieses kann die dortigen Bauernhöfe unter Wasser setzen, vor allem wenn bis in die Hochlagen hinein Regen fällt. Die Schmelzwasserabgabe in die Bäche ist dabei neben dem Wärmeangebot und der einfallenden Menge flüssigen Niederschlages nicht zuletzt von der Schneedeckenhöhe und der mittleren Schneedeckendichte sowie dem Wasseraufnahmevermögen des Bodens abhängig.
Heribert erblickte 970 in Worms das Licht der Welt und starb 1021 in der Abtei Deutz bei Köln.

17. März

Es tut dem Weinstock oft nicht gut, steigt schon um Gertrud Rebenblut.

Ein zu frühes Bluten der Weinstöcke aus den durch den Rebschnitt verursachten Wunden ist unter anderem mit dem Austritt von Zucker, dem Frostschutzmittel der Rebe, verbunden. Ein spätwinterlicher Kälterückfall kann daher schwere Schäden am Weinstock nach sich ziehen. Am Festtag von Gertrud von Nivelles, die als Frühlingsbotin, erste Gärtnerin und Schutzpatronin der Feld- und Gartenfrüchte gilt und als Helferin gegen Mäuse- und Rattenplagen angerufen wird, pflegte man die Bienenkörbe wieder aufzustellen. Man mag es als Sinnbild deuten, dass »böse« Mäuse versuchten, Gertrud beim Spinnen aus der Ruhe zu bringen. Ihrem

OBEN: Die Amsel oder Schwarzdrossel gilt als Wetterprophet. Nicht umsonst wird sie auch als »Regenvogel« bezeichnet.

OBEN: **Bei wärmerem und sonnigem Wetter verlassen die Bienen ihre Beute, um zu Erkundungs- und Sammelflügen zu starten.**

Namen »die Kampfgewohnte« zur Ehre gereichend, schleuderte Gertrud ihre Spindel nach den kleinen plagenden Nagern. Diese Legende bildete die Grundlage des Sprichwortes »An Gertrud beißt die Maus den Faden ab«. Gertrud lebte von 626 bis 659. Ihr Namenstag markiert die Mitte des Vorfrühlings.

18. März

Scheint um Cyrillus die Sonne fein, setzt bald die Blüte der Marillen ein.

Wenn um Cyrillus von Jerusalem, der um das Jahr 313 geboren wurde und dessen Leben im Jahre 386 endete, sonnenscheinreiches Wetter herrscht und zumindest tagsüber schon ansprechende Temperaturen dem noch jungen Frühling das Gepräge verleihen, beginnen Ende März die Aprikosen zu blühen. Der Blühbeginn hängt natürlich auch von der geografischen Lage ab.

Sandor, Josef (19.3.) und Benedikt (21.3.), die drei, tragen die Lenzluft in Säcken herbei.

Dieser frei aus dem Ungarischen übersetzte Bauernspruch weist darauf hin, dass um das Ende der zweiten Märzdekade der Frühling schon einmal Nägel mit Köpfen machen kann. Das gilt eigentlich auch hierzulande. Sandor (Alexander von Kappadokien) starb während der Christenverfolgung unter Kaiser Decius entweder im Jahr 250 oder 251 im Gefängnis. Der Legende nach überlebte er zuvor schlimme Martern. So war er wilden Tieren zum Fraß vorgeworfen worden. Diese töteten ihn nicht, sondern leckten ihm die Füße.

19. März

Wenn Josef schönes Wetter bringt, der Honigwein dann gut gelingt.

Bescheren die Tage um Josef, dem Zimmermann aus Nazareth und Schutzpatron der gesamten Kirche, der Eheleute, Familien, Kinder, Waisen und Holzfäller, warmes Wetter, spricht das in sieben von zehn Fällen für einen überdurchschnittlich temperierten Sommer und damit für reichlich blühende Wiesen, einen hochwertigen Nektar und gutes Bienenflugwetter. Darum sehen die Imker den Josefstag als wichtigen Lostag an.

20. März

Das Lösegeld für einen König ist für eine Schüssel Märzenschnee zu wenig.

Dass Märzenschnee nicht unbedingt verwünscht wird, verdeutlicht dieser hübsche Spruch. So kann Schnee eine Schutzfunktion für empfindliche Gartenpflanzen gegenüber harten Frösten ausfüllen. Manche Hausfrau bleichte mithilfe des Schnees unter Mitwirkung von Frau Sonne ihre nicht mehr blütenweiße Wäsche oder reinigte mit der weißen Pracht ihre Teppiche.

Wie das Wetter um den Frühlingsanfang, ist es den ganzen Sommer lang.

Auf einen überdurchschnittlich warmen kalendarischen Frühlingsanfang folgt in sieben von zehn Jahren ein insgesamt zu warmer Sommer, während ein zu kalter Frühlingsbeginn in etwa sechs von zehn Jahren einen normal bis unternormal temperierten Sommer nach sich zieht. Dagegen hat das Wetter um den Frühlingsanfang keinen Einfluss auf das Niederschlagsverhalten in den Sommerwochen.

21. März

Liegt an Benedikt Sonnenschein über den Giebeln, dann steck im Garten deine Zwiebeln.

Schönes Wetter um Benedikt animiert den Gartenfreund, Zwiebeln zu stecken. Im Frühjahr gepflanzte Steckzwiebeln sind ab Juli, die gesäten Zwiebeln ab August erntereif. Der als »Vater des abendländischen Mönchtums« berühmt gewordene Benedikt von Nursia erblickte um das Jahr 480 im italienischen Nursia das Licht der Welt und starb im Jahre 547. Er wird als Patron der Lehrer, Bergleute sowie Höhlenforscher und als Helfer gegen Fieber, Zauberei und Gift verehrt.

22. März

Nicht immer kannst du Elko trauen, oft hat er Lust, einen Schneemann zu bauen.

Mitunter kommt es noch um und nach dem Namenstag des Abtes Elko von Lidlom, der im Jahre 1332 wegen seiner Strenge von Mönchen aus dem eigenen Prämonstratenserkloster erschlagen wurde, zu einem spätwinterlichen Kälteeinbruch. Meist haben die pappigen Neuschneedecken keinen lan-

OBEN: Märzveilchen am Wegesrand. Das kleine, in Süd- und Mitteleuropa vorkommende Blümchen gedeiht bis in 1400 m Höhe.

gen Bestand. Gleichwohl eignen sie sich gut zum Schneemannbau. Pappschnee enthält viel mehr Wasser als Pulverschnee.

23. März

Bringt Regen den Bauer zur Bestellung in Not, der Sommer dann auch noch mit Dürre droht.

Viel Regen im März erweist sich für den Bauer keinesfalls als Helfer, verhindert er doch oft die Einhaltung optimaler Saatzeitspannen bei den Sommergetreidearten. Eine verzögerte Bestellung hat meist eine Verkürzung der Wachstumsperiode des Getreides zur Folge. Wenn dann im April und Mai der Himmel seine Schleusen nicht genug öffnet und ein hoher atmosphärischer Verdunstungsanspruch die Bodenwasservorräte auszehrt, sind Ertragseinbußen vorprogrammiert.

24. März

Wenn in der Märznacht noch Eiswinde tosen, leiden darunter die treibenden Rosen.

Oft führen Winde aus nördlichen Breiten im März noch arktische Luftmassen heran. Trotz stärkerer Luftbewegung können die Nacht-

OBEN: Forsythie, auch Goldglöckchen oder Goldflieder genannt, in Vollblüte. Die ovallänglichen Blätter dieses Zierstrauches treiben erst nach der Blühphase.

temperaturen dann unter dem Gefrierpunkt liegen, was den jungen, zartgrünen Trieben der Rosen meist den Todesstoß versetzt. Noch stärker können die Rosen bei aufklarendem Himmel und einschlafendem Wind zurückfrieren. Frostschäden an Rosen äußern sich sehr unterschiedlich.

25. März

Wenn um Verkündigung Südwind weht, die Ankunft der Schwalben zu erwarten steht.

Die Wahrscheinlichkeit, dass sich bei Zufuhr warmer Luft aus südlichen Gefilden die Schwalben um Verkündigung wieder einfinden, ist groß, zumal der Südwind unter ihren Schwingen die Reise gen Norden erleichtert. Auf Gemälden, die sich mit der Verkündigung befassen, also an den Besuch des Erzengels Gabriel bei Maria erinnern, sind Schwalben als Zeichen für Marias Unsterblichkeit sowie Reinheit verkörpernde Lilien dargestellt. Bei den alten Germanen galt der 25. März als Frühlingsanfang, konnte doch an diesem Tag die nordische Göttin der Unsterblichkeit nach ihrer Wintergefangenschaft als Schwalbe nach Walhall zurückfliegen.

26. März

Wenn die Frühlingssonne um Ludger den Winter besiegt, die Kanadagans bald nordwärts fliegt.

Als hierzulande häufiger vorkommende Wildgansarten erweisen sich Saatgans, Blässgans, Graugans und Kanadagans. Letztgenannte verlässt uns, nachdem sie den Winter in hiesigen Regionen verbracht hat, normalerweise Ende März. Wärmende Frühlingssonne um Ludger erleichtert ihr den Aufbruch in nördliche Gefilde.

Von wilden Blümlein die roten und Spechte sind Frühlingsboten.

Diese Bauernregel ist etwas irreführend, da von den zehn in Mitteleuropa vorkommenden Spechtarten, zu denen unter anderem Buntspecht, Schwarzspecht, Grünspecht, Grauspecht, Blutspecht und Weißrücken-

OBEN: **Von allen Spechtarten kommt der Buntspecht hierzulande am häufigsten vor.**

specht gehören, nur der sogenannte Wendehals den Winter im sonnigen Afrika verbringt. Mit zunehmendem Insektenaufkommen im Frühling begeben sich die Spechte immer wieder auch vom Wald in Richtung Gärten, sodass wir diese schönen Vögel öfter zu Gesicht bekommen, was die Bezeichnung Frühlingsboten rechtfertigen würde. Zu den pflanzlichen rot oder rötlich blühenden Frühlingsboten zählen Lerchensporn, Purpurrote Taubnessel, Schuppenwurz und Lungenkraut.

27. März

Erhellt an Sankt Rupert die Sonne
das Feld, der Heumond (Juli)
nur wenig Regen bestellt.

Lacht Klärchen um Sankt Rupert, der wahrscheinlich in Worms das Licht der Welt erblickte (Geburtsjahr unbekannt) und im Jahre 716 starb, intensiv und lange vom Firmament, so fällt der Juli in sieben von zehn Fällen sonnenscheinreicher und damit niederschlagsärmer als normalerweise zu erwarten aus.

28. März

Baut der Lenzmond (März)
häufig Nebelkulissen auf,
folgen im Sommer viel Blitz
und Donner drauf.

Ein signifikanter Zusammenhang zwischen der Anzahl von Nebeltagen im März und den Gewittertagen im Verlauf des meteorologi-

OBEN: Bei der Frühjahrsbestellung. Die Arbeit von Bauer und Ross bei der Bereitung des Saatbettes für das Sommergetreide übernimmt heute der Traktor.

schen Sommers lässt sich nicht nachweisen. Möglicherweise existiert eine derartige Korrelation für kleinere Areale wie Alpentäler.

Maielet's im Märzen,
dann märzelet's im Maien.

Diese aus der Schweiz stammende Bauernweisheit besagt, dass einem milden März häufig ein unterdurchschnittlich temperierter Mai folgt. Das bedeutet, dass der Wonnemonat dann mit kühleren Witterungsabschnitten aufwartet und nicht unbedingt lauschig ausfällt.

29. März

Kommt Sankt Berthold mit
sonnigem Gemüt, sehr zeitig im Jahr
der Löwenzahn blüht.

Herrscht während der dritten Märzdekade freundliches Frühlingswetter, öffnet der Löwenzahn mitunter schon in der ersten Aprildekade seine Blüten. Der Einsiedler und Ordensgründer Berthold von Limoges wurde in Salignac in Frankreich geboren (Geburtsdatum unbekannt) und starb um das Jahr 1195 auf dem Berg Karmel in Israel.

30. März

Mit dem Wetter, das Quirinus macht, wird
meist der ganze Sommer bedacht.

Geht Frau Sonne um Quirinus aus der Auseinandersetzung mit den Wolken als klare Siegerin hervor, kann mit einer Wahrscheinlichkeit

OBEN: Der Buchfink in prächtigem Hochzeitsgewand gilt als fleißiger Sänger. Seine Melodien erfreuen uns im Frühling.

von 60 bis 70 Prozent ein sonniger, wolkenärmerer Sommer ins Kalkül gezogen werden. Quirinus von Rom starb um das Jahr 115 in Rom den Märtyrertod. Er gilt als Schutzpatron der Ritter, Pferde und Rinder und wird als Helfer bei Bein- und Fußleiden angerufen.

31. März

Wenn am Stachelbeerbusch die ersten
Blättlein sich entfalten, dann muss der
Bauer mit dem Pfluge walten.

Diese Bauernweisheit besitzt empfehlenden Charakter. Unseren Altvorderen galt der Beginn der Blattentfaltung als ein Fingerzeig dafür, dass es höchste Zeit war, mit Pferd und Pflug aufs Feld zu ziehen, um mit der Frühjahrsbestellung zu beginnen.

April, Ostermond, Knospenmonat oder Launing

Bauernregeln im April

Der April wird im Volksmund aufgrund seiner Launenhaftigkeit nicht zu Unrecht als »Eulenspiegel der Monate« bezeichnet. Meist bringt der zweite Frühlingsmonat sehr viel Bewegung in die Atmosphäre. Kein Wunder, ringen doch im April polare Kaltluft und subtropische Warmluft intensiv um die Regentschaft in Mitteleuropa.

1. April

Am ersten April kann man vermessen
die Wetterkarte ganz vergessen.

Eine Scherzregel, die auf das alljährlich zu Beginn des zweiten meteorologischen Frühlingsmonats wiederkehrende Spielchen hinweist, andere mit Scherzen und derben Späßen in den April zu schicken. Einer alten Überlieferung zufolge käme als ein möglicher Urheber der Aprilscherze durchaus der Wettergott Thor infrage, dem gewaltige Kräfte nachgesagt werden. Mit seinem bumerangartigen Hammer konnte er schwerste Gewitter erzeugen und war in der Lage, furchterregende Blitze zu schleudern. Während des Wiedererwachens der Natur soll sich Thor allerdings eher neckisch und närrisch, wie sich in der Regel auch das Aprilwetter zu zeigen pflegt, verhalten haben. So schlüpfte er in das Gewand der Liebesgöttin Freya und versuchte, den Winterriesen Thrym zu betören. Dieser vielleicht erste »Aprilscherz« scheint ihm allerdings nicht besonders gut gelungen zu sein, denn oft genug versetzt der Winter den bereits erwachten Frühlingsgefühlen einen herben Dämpfer.

2. April

Schnee im April darf nicht lange währen,
soll er die Knospen nicht verzehren.

Aprilfröste können nicht nur den Winterraps und frühen Flachs verderben, sondern auch den Blatt- und Blütenknospen vieler Laub-, Obst- und Ziergehölze arg zusetzen. Je weiter die Knospen geöffnet sind, desto frostanfälliger sind sie. Taut in Verbindung mit dem Durchzug eines Frontensystems gefallener Schnee in eingeflossener Kaltluft nicht ab und bleibt die Nacht über liegen, in der es postfrontal aufklart, muss auch im April noch mit mäßigen, Knospen zerstörenden Frösten gerechnet werden.

Wenn der Pfirsich zu früh seine Blüten
entfaltet, der Frost dann mitunter im
Blütenmeer waltet.

Nach milder Frühjahrswitterung zeichnet sich die Pflanzenwelt oft durch einen größeren phänologischen Entwicklungsvorlauf aus. Dann stehen auch die Pfirsichbäume zu

OBEN: Hummeln sind wichtige Bestäuber unserer Obstgehölze wie Pfirsich, Schlehe, Pflaume sowie Süß- und Sauerkirsche.

zeitig in Blüte. Kommt es dann zu Kaltlufteinbrüchen, muss nachts häufig mit Temperaturen unter dem Gefrierpunkt gerechnet werden, die dem Leben der Blüte ein Ende setzen. Das heißt, dass man bei der Pfirsichernte leer ausgeht, sofern keine Frostschutzmaßnahmen eingeleitet worden sind. Als sicherste Frostschutzmaßnahme gilt die Frostschutzberegnung.

3. April

Bestellst du dein Leinfeld am Christianstag,
wird riesengroß der Flachsertrag.

Als Langtagpflanze erfordert der Gemeine Lein, auch Saatlein oder Flachs genannt, eine frühe Aussaat, in der Regel Ende März/ Anfang April. Um zu reichlicher Blüte und damit hohem Ertrag zu gelangen, benötigt der zur Faser- und zur Ölgewinnung angebaute Flachs eine kritische Tageslänge von 14 bis 16 Stunden.
Christian, der als Helfer bei Kinderlosigkeit sowie seelischen und körperlichen Leiden gilt, war ein Märtyrer. Er starb um das 4. Jahrhundert.

❧

Mit der ersten Schwalbe in der Hand
kommt Christian ins Land.

Ab dem Namensfest von Christian kehren die ersten Rauchschwalben aus ihrem Überwinterungsgebiet, das Mittel- und Südafrika umfasst, zurück. Die Ankunft der in einem Gebiet von der südlichen Grenze der Sahara bis zur Kapprovinz überwinternden Mehlschwalben erfolgt rund zehn Tage später. Christian, der als Märtyrer um das 4. Jahrhundert starb, gilt als Helfer bei Kinderlosigkeit sowie seelischen und körperlichen Leiden.

4. April

Wenn die Birke Kätzchen hat,
ist es Zeit zur Gerstensaat.

Bei den Blütenständen an den Birken muss zwischen weiblichen und männlichen Kätzchen unterschieden werden. Während die männlichen Kätzchen bereits in der vorangegangenen Vegetationsperiode entwickelt werden und den Winter über sichtbar sind, bilden sich die weiblichen erst mit Beginn des Austriebs der Laubblätter im Frühjahr. Wenn die zuvor in Knospen geschützten weiblichen Blütenstände sichtbar werden, ist es höchste Zeit, mit der Bestellung der Sommergerste zu starten.

5. April

Wenn der Rebstock vor Juliana
schon blutet, noch viel Eiswind
das Rebholz umflutet.

Endet infolge von über längere Zeit anhaltender milder Witterung mit dem Bluten die Vegetationsruhe der Weinstöcke vor Juliana, ist die Wahrscheinlichkeit nachwinterlicher Kälteeinbrüche relativ groß. Sind die Wurzelzellen aktiv und drücken das Wasser in die Leitbahnen, das dann aus den durch den Rebschnitt verursachten Wunden tritt, muss der Winzer bei Frösten mit Schäden an seinen Stöcken rechnen.

Juliana von Lüttich, die in Belgien von 1192 bis 1258 lebte, wirkte als Priorin und Mystikerin. Sie zeichnete sich durch eucharistische Frömmigkeit aus.

6. April

Wohl hundertmal schlägt das Wetter um, das ist des Aprils Privilegium.

Das typische Aprilwetter wird durch Polarluft verursacht, die auf der Westseite einer sich über Mitteleuropa hinweg von Nord nach Süd erstreckenden Tiefdruckrinne auf das bereits frühlingshaft erwärmte Festland strömt. Auf der Ostseite dieser Rinne dringt subtropische Warmluft nordwärts vor.
Dass sich beide Luftmassen nicht vertragen, äußert sich in Schauern und Gewittern. Insofern stellt Mitteleuropa im April eine Konfliktzone des Wetters dar.

7. April

Georgios, des Keimmondes Spiegelbild, macht's Wetter bis Florian (4.5.) launisch und wild.

Von Georgios bis Florian ist der rasche und unsystematische Wetterwechsel charakteristisch. Tobt der Kampf zwischen den Luftmassen des Winters und denen des Sommers zu stark, versucht die Natur, die sich einstellenden Gegensätze durch Gewitter aufzulösen.
Georgios, Erzbischof von Mytilene, der im Jahre 787 oder 816 auf Lesbos in Griechenland starb, wurde für seine Mildtätigkeit gerühmt. Der Überlieferung nach erlebte er Verzückungen, in denen er »engelhaften Geist« empfing. Er gilt als einer der 27 Nationalheiligen von Lesbos.

Sucht der Kleiber zum Brüten seine Baumhöhle auf, nimmt der Frühling im Tal gewiss seinen Lauf.

Der auch als »Spechtmeise« bezeichnete Kleiber brütet im April und Mai, zu einer Zeit, in der es zwar immer noch empfindliche Kälterückschläge geben kann, der Frühling aber insgesamt immer mehr auf Touren kommt. Während in den Tälern schon Schneeglöckchen, Winterlinge und Krokusse verblüht sind, bedeckt in den Bergen der

OBEN: Der Kleiber gilt als Jahresvogel, den man in Laub- und Mischwäldern, aber auch Parks und Gärten beobachten kann.

OBEN: **Bei der Namensgebung der Schlüsselblume stand die Ähnlichkeit des Blütenstandes mit einem Schlüsselbund Pate.**

Firnschnee noch den Boden. Übrigens lässt sich der Begriff »Spechtmeise« auf die Lebensweise und das Aussehen des Kleibers zurückführen, die sowohl an Spechte als auch an Meisen erinnern. Der Kleiber nutzt mitunter auch die Bruthöhlen anderer Vogelarten für sein Brutgeschäft. Er verklebt sie mit Lehm und lässt nur ein kleines Loch, durch das er selbst passt. Der Begriff Kleiber rührt aus dem Mittelhochdeutschen. Ein Kleiber ist ein Handwerker, der Lehmwände herstellt oder Lehmmauern errichtet.

8. April

Am Tage von Amantius nasse Socken machen den Sommer heiß und trocken.

Oft kommt es um den Amantiustag zu Kälterückfällen mit Niederschlägen, die mitunter noch als Schnee fallen. Meistenteils tritt aber der Niederschlag schon in flüssiger Form in Erscheinung. Öffnet der Himmel um Amantius, der den bischöflichen Stuhl von Como im Jahre 420 bestieg und 449 starb, seine Schleusen weit, stellt sich in zwei Dritteln aller Fälle ein zu trockener Sommer ein.

9. April

Wenn Himmelschlüssel und Buschwindröschen erblühen, wird's die Bienen bald an die Schlehensträucher ziehen.

Der Reim will verdeutlichen, dass nach dem Blühbeginn von Himmelschlüssel und Buschwindröschen, einen normalen Witterungsverlauf vorausgesetzt, nur wenige Tage vergehen, bis auch die Schlehen erblühen. Herrscht dabei frühlingshafte Wärme vor, starten Immen und Hummeln durch und okkupieren die Schlehensträucher.

10. April

Am Tage von Sankt Ezechiel nochmals der Winter kommen will.

Gegen Ende der ersten Aprildekade kommt es mitunter nach milderen Wochen zu winterlichen Rückschlägen, die schon so manchem Gärtner das Konzept verdorben haben. Ezechiel stammte aus priesterlichem Geschlecht. Er starb im Jahre 571 vor Christus bei Babylon, dem heutigen Han-al-Mahawil im Irak, als Märtyrer, der gevierteilt wurde. 18 Jahre zuvor war er zum Propheten berufen worden.

11. April

Balzt der Zaunkönig mit aufgerichtetem Schwanz, erfreut in der Flur bald der Falter Tanz.

Wenn der Zaunkönig, der als kecker Frauenheld angesehen wird, um ein oder mehrere Weibchen wirbt, kann man getrost davon ausgehen, dass im Kampf der Luftmassen zunehmend Warmluft die Oberhand gewinnt. Lacht dazu die Sonne vom Firmament, dauert es nicht lange, bis sich erste Schmetterlinge, die als Falter überwintert haben, wie das Tagpfauenauge, der Kleine Fuchs und das Landkärtchen, in taumelndem Flug einen Platz zum »Sonnenbaden« im Garten suchen. Auch Aurorafalter und Waldbrettspiel lassen nicht auf sich warten.

12. April

Kann Sankt Zeno dem Frühling trauen, lässt er die Buchfinken Nester bauen.

Hat sich der Frühling nachhaltig stabilisiert und lässt er Väterchen Frost kaum noch zum Zuge kommen, dann schreitet der Buchfink um Zeno zur Brut. Das dickwandige, aus Halmen, Wurzeln, Rindenfasern, Flechten und Moosen bestehende und mit Federn ausgepolsterte Nest wird ausschließlich vom Weib-

OBEN: Unterm Blätterdach einer Esche in einem Aprilmonat mit großem Entwicklungsvorsprung. Normalerweise ist ihr Blattwerk erst Wochen später so üppig.

chen gebaut. Der vermutlich aus Mauretanien stammende Zeno war ein Bischof und starb um das Jahr 371.

Grünt die Eiche vor der Esche,
hält der Sommer große Wäsche;
doch grünt die Esche vor der Eiche,
gibt's im Sommer große Bleiche.

Eigentlich ist der wissenschaftliche Hintergrund, der einen biologischen und einen meteorologischen Aspekt vereint, plausibel. So beträgt die Durchwurzelungstiefe bei der Eiche, sofern sie ihre maximale Wuchshöhe erreicht hat, mehrere Meter. Dadurch gelangt die Eiche mit ihren Wurzeln bis in die Grundwasser führenden Schichten des Erdreichs und bezieht von dort die lebensnotwendige Feuchtigkeit. Dadurch ist sie auch in einem niederschlagsarmen, trockenen Frühjahr zu einer raschen Blattentfaltung in der Lage. Die Gemeine Esche hingegen, die sich durch ein typisches Senkerwurzelsystem auszeichnet und damit flacher wurzelt, liebt einen feuchten Untergrund. Fehlt dieser, ist sie auf ausreichende Niederschläge angewiesen. Bleiben im Frühjahr aber die himmlischen Schleusen geschlossen, setzt die Blattentfaltung deutlich später ein als bei den auf das »Nass von oben« weniger angewiesenen Eichen. Im umgekehrten Fall entfalten sich in einem nicht zu kühlen Frühjahr mit hohen Bodenfeuchten in den oberen Schichten des Erdreichs oder nach einem feuchten und überdurchschnittlich temperierten Spätwinter die Blätter der Esche sehr rasch und eher als bei den Eichen. Erweist sich das Frühjahr einerseits als niederschlagsarm, so gestaltet sich häufig, wenn auch nicht immer, der Sommer unbeständig und nass (große Wäsche), während andererseits einem feuchten Frühjahr relativ oft ein trockener, zu Dürre neigender Sommer (große Bleiche) folgt.

OBEN: Wintergoldhähnchen verstecken sich gern in Nadelgehölzen. Ihrer ansichtig zu werden ist relativ schwierig.

13. April

Wenn's Wintergoldhähnchen
sich verpaart, der Frühling mit Wärme
und Farben nicht spart.

Die Spruchweisheit macht darauf aufmerksam, dass der April während der Hochzeit des Wintergoldhähnchens, der kleinsten Singvogelart in Mitteleuropa, der Natur ein farbiges Blütengewand überstreift. Zu den Frühblühern zählen Leberblümchen, Forsythie, Freilandazalee, Buschwindröschen,

Adonisröschen, Tulpen, Osterglocken, Hundsveilchen, Küchenschellen, Gämswurz und Löwenzahn. Außerdem erblühen Kirsche, Pflaume und Schlehe.

14. April

Tiburtius kommt mit Sang und Schall, bringt Kuckuck mit und Nachtigall.

Der Bauernspruch besagt, dass sich der Kuckuck, der keine Brutpflege betreibt und seine Eier in die Nester kleinerer Singvögel legt, um Tiburtius nach langer Reise aus Afrika wieder hierzulande einfindet. Ebenso kehrt die Nachtigall von dort zurück, mitunter ein paar Tage später. Ihr macht unser Ordnungssinn in Gärten und Parks allerdings das Leben schwer.
Tiburtius starb wegen seines Glaubens mit seinem Bruder Valerianus zwischen 180 und 230 in Rom den Märtyrertod.

15. April

Je früher im April der Schlehdorn blüht, desto früher der Schnitter im Kornfeld sich müht.

Ein Bilderbuchfrühling, das heißt ein Lenz ohne Einbrüche kalter Luft aus nördlichen Breiten sowie ohne größere Wetter- und Witterungskapriolen, garantiert normalerweise ungestörte Wachstums- und Entwicklungsprozesse bei den Winterhalmfrüchten und auch eine frühzeitige Bestellung der Sommerhalmfrüchte. Einen normalen Witterungsverlauf in den Folgewochen vorausgesetzt, wird dann das Getreide eher erntereif sein.

16. April

Fallen um Magnus noch Flocken, lässt Kälte im Mai das Wachstum stocken.

Flockenwirbel um den Gedenktag des heiligen Magnus von Schottland verzögert nicht nur den Erwärmungsprozess im Verlauf des Monats April, wird doch zur Schmelze des Schnees und zur Verdunstung des in die Krume eindringenden Schmelzwassers Energie benötigt, sondern zieht oft auch ein unterdurchschnittliches Wärmeangebot nach sich. Daraus resultiert eine Drosselung oder Stagnation der Wachstumsvorgänge in der Pflanzenwelt.
Magnus, der als Patron der Fischhändler gilt, soll seinen Lebensunterhalt zunächst als Räuber verdient haben, bevor er sich zum Christentum bekehrte. Der Überlieferung

OBEN: **Der Kuckuck ist ein Zugvogel. Sein Ruf ist weit zu hören und erschallt von erhöhter Warte von April bis Juli.**

nach wurde er von einem Verwandten in einem Erbstreit im Jahre 1116 auf der Orkney-Insel Egilsay ermordet.

17. April

Wenn die Bachstelze sich auf ihr Nest erstmals setzt, der Lenz mitunter seine Kraft überschätzt.

Die Brutdauer der Bachstelze, die im April als Zugvogel aus Südwesteuropa oder Nordafrika zurückkehrt, beträgt etwa 14 Tage. Setzt sich der schwarz-weiß-grau gefiederte Vogel bei frühlingshaften Temperaturen auf sein Gelege, das sich in Halbhöhlen und Nischen befindet, kann beim Schlupf der Jungen nachwinterliches Wetter herrschen. Oft gehen im Kampf der Luftmassen die aus polaren Breiten als Sieger hervor und sorgen dann bei Mensch und Tier für Verdruss.

OBEN: Der Frühling beschert wundervolle Farbenspiele. So wie hier rosa- bis rotfarbene Blütenzweige vor blauem Himmelszelt.

18. April

Legen Zaunkönig und Zilpzalp Eier in ihre Nester, etabliert sich der Frühling bald zunehmend fester.

Der Reim lässt wissen, dass der Frühling im langjährigen Durchschnitt mit zunehmendem Alter nicht an Kraft verliert, sondern an Energie und Durchsetzungsvermögen gewinnt, beschreibt doch die Sonne einen immer größer werdenden Tagbogen. Wenn nämlich Zaunkönig und Zilpzalp mit dem Brutprozess beginnen, erfreut bereits die Blüte von Schlehdorn, Löwenzahn, Johannisbeere, Spitzahorn, Süßkirsche, Pflaume und Birne die Natur.

19. April

Zeigt häufig kühl im April und Mai sich die Zeit, hält sie auch von Juni bis November viel Kühle bereit; doch wenn April und Mai sich zu warm gestalten, wird auch von Juni bis November viel Wärme walten.

Liegt das Zweimonatsmittel der Lufttemperatur für den zweiten und dritten meteorologischen Frühlingsmonat unter dem Normwert, dann bleibt auch das aus dem meteorologischen Sommer und dem meteorologischen Herbst resultierende Sechsmonatsmittel der Lufttemperatur in zwei von drei Fällen unter dem langjährigen Durchschnittswert. Einem zu hohen Zweimonatsmittel für April und Mai folgt ebenfalls in zwei Drittel aller Fälle ein über der Norm liegendes Sechsmonatsmittel für die Zeit von Juni bis November. Da sich die Aussage der Regel auf einen Halbjahreszeitraum bezieht, lässt sie allerdings keine detaillierte Prognose für kürzere Zeitabschnitte innerhalb desselben zu.

20. April

Wenn die Aprilsonne den Frühling verspricht, kommt der Marienkäfer ans Tageslicht.

Der als Nützling allseits beliebte Marienkäfer verlässt bei wärmendem Sonnenschein seinen Überwinterungsplatz, der sich im Moos, unter Steinen, in der Rinde von Bäumen, in einer Mulchschicht oder im Laub befinden kann. Der Marienkäfer überwintert selten allein, sondern in kleineren Gruppen oder in Aggregationen.

21. April

Lässt Anselm die Bienen im Stock verharren, des Nachts viele Blüten vor Kälte erstarren.

Um den Namenstag des Erzbischofs Anselm von Canterbury besteht eine auffällige Tendenz zu Kälterückfällen. Bei Temperaturen unter acht Grad können die Bienen nicht zum Sammelflug in das Blütenmeer der Obstgehölze starten. Mangelnde Bestäubung hat dann Befruchtungsschäden zur Folge. Nachts herrscht große Gefahr, dass die Temperatur unter den Gefrierpunkt sinkt und es auch noch zu Blütenfrostschäden kommt. Anselm, der als einer der wichtigsten Kirchenschriftsteller gilt, kam um 1033/34 als Sohn eines lombardischen Adligen auf die Welt. Sein Leben endete im Jahre 1109.

22. April

Wenn im April die Maikäfer fliegen, bleiben die meisten im Schmutze liegen.

Krabbeln die Maikäfer infolge von über längere Zeit anhaltender wärmerer Witterung zu früh aus dem Erdreich, ist die Wahrscheinlichkeit verhältnismäßig hoch, dass ein nach-

OBEN: Die wärmende Sonne lockt die Marienkäfer, die als Nützlinge und Glücksbringer gelten, aus ihrem Winterversteck.

winterlicher Kälteeinbruch mit nächtlichem Frost ihrem Leben ein Ende setzen wird. Der zur Familie der Blatthornkäfer gehörende Maikäfer tritt hierzulande als Feld- und als Waldmaikäfer in Erscheinung.

23. April

Fliegt um Sankt Georg die Biene zur Blüte, füllt der Sommer mit Kirschen Sack und Tüte.

Herrscht um den Namenstag des heiligen Georg von Kappadokien sonniges und warmes Wetter, begeben sich die Bienen in großer Zahl zu den erblühenden oder schon in Blüte stehenden Süß- und Sauerkirschbäumen. Aus dem »summenden« Blütenmeer geht dann eine reiche Kirschernte im Juni und Juli hervor. Georg, der als Drachentöter und Schutzpatron der Reiter, Waffenschmiede, Schützen, Büchsenmacher und Bergleute gilt, starb um das Jahr 303.

OBEN: Blühende Rapsfelder im Sonnenschein. Sie sind ein Ziel der Immen beim Nektar- und Pollensammeln und mit ihrem leuchtenden Gelb ein wahrer Augenschmaus.

Früher mussten die Kinder ab Sankt Georg auf ihre Winterschuhe verzichten. Das Sprichwort »Georgi bringt grüne Schuh« erinnert daran.

Fehlen dem April Sonne,
Blitz und Eis, dies von wildem Mai
zu künden weiß.

Die bedingte Wahrscheinlichkeit, dass einem »handzahmen« und milden April ein eher turbulenter, zu Kälterückfällen neigender Mai folgt, ist auf jeden Fall größer, als wäre dem Wonnemond ein seinem Ruf als »Eulenspiegel der Monate« gerecht werdender April vorausgegangen.

24. April

Um Fidelis von Sigmaringen die
Nächte mitunter noch Fröste bringen,
doch lässt der Heilige gar Flocken
schweben, kostet's der Obstblüt'
gewiss das Leben.

Der Spruch bedeutet nicht unbedingt, dass alle Blüten eines Obstgehölzes bis zur Unfruchtbarkeit geschädigt sein müssen. Frostschutzberegnung kann ein wirksames Mittel sein, um Blütenfrostschäden zu reduzieren. Sie bewährt sich aber nur, sofern die relative Luftfeuchte wenigstens 60 Prozent beträgt, der Wind die Stärke 2 nach Beaufort nicht überschreitet und die Lufttemperatur nicht unter minus 8 Grad sinkt.
Fidelis von Sigmaringen lebte von 1578 bis 1622. Er wirkte in den Jahren 1611 und 1612 im Elsass als Gerichtsrat. Dabei erwarb er sich verdientermaßen das Prädikat »Advokat der Armen«.

Im April muss der Holunder sprossen, sonst
wird des Bauern Mien' verdrossen.

Ist der phänologische Entwicklungsrückstand in der Pflanzenwelt und damit auch beim Schwarzen Holunder sehr groß, sieht der Bauer seine Felle im Hinblick auf eine gute Getreideernte davonschwimmen. Zeichnet sich also der April durch zu niedrige Temperaturen und damit schlechte Wachstumsbedingungen aus und bleibt auch der Mai zu kühl, muss mit einer unbefriedigenden Ertragsbildung bei Kartoffeln, Mais, Rüben, Obst und Wein gerechnet werden.

25. April

Streichelt viel Sonne um Markus die Reben,
wirst du ein gutes Weinjahr erleben, doch
wenn viel Regen am Markustag fällt, ist's
um den Rebensaft schlecht bestellt.

Sonnenschein und warme Lüfte um den Namenstag des Evangelisten Markus tun dem Wein nach seiner Winterruhe gut. Ist es dagegen kühl und regnerisch und setzt sich dieses Wetter im Wonnemonat Mai fort, bleibt die Witterung auch häufig den Sommer über bis hin zur Lese im Herbst unterdurchschnittlich temperiert. Die Folge ist häufig ein zu geringes Mostgewicht des Rebensaftes. Markus machte sich als Patron von Venedig sowie der Bauleute, Maurer, Glasmacher,

Glaser, Korbmacher und Notare, aber auch als Helfer gegen Unwetter, Blitz und Hagel einen Namen. Er starb als Märtyrer wahrscheinlich im Jahre 68 in Ägypten. Am Markustag durchgeführte Bittprozessionen über Felder haben heidnischen Ursprung.

26. April

Wenn im April der Maulbeerbaum blüht, der Frost sich kaum noch ins Land bemüht.

In der Zeit, in welcher der Maulbeerbaum – ein in Vergessenheit geratenes Wildgehölz – in Blüte steht, verirren sich tatsächlich nur noch selten Fröste in die Tieflandregionen Mitteleuropas, legt man die international vereinbarte Standardmesshöhe von 200 Zentimetern über der Bodenoberfläche zugrunde. Bodenfröste (fünf Zentimeter über Grund) sind dagegen noch öfter ein Thema.

27. April

Wenn Zita sich zeigt, die geduldige Magd, beginnt bald der Schwalben Insektenjagd; pfeilschnell, so schießen sie durch die Luft, die erfüllt ist von Blüten- und Frühlingsduft.

OBEN: Mit zweckmäßiger Kleidung, Gummistiefeln und Regenschirm lässt sich auch typisches Aprilwetter vertragen. Sogar das Waten durch Pfützen macht Spaß.

Schwalben ernähren sich hauptsächlich von Fliegen, Mücken und Blattläusen. Um den Festtag der heiligen Zita nimmt deren Konzentration in der Luft wieder zu. Zita, die von 1212 bis 1272 lebte, wird in der Kunst in der einfachen Kleidung einer Dienstmagd mit Gebetbuch, Schlüsseln, Brotlaiben und Stern dargestellt. Sie gilt als Patronin der Dienstboten, Haushälterinnen und Hausangestellten. Aus einer Landarbeiterfamilie stammend, die im italienischen Monsagrati zu Hause war, soll Zita als Zwölfjährige eine Arbeit als Dienstmagd in Lucca aufgenommen haben.

28. April

Je mehr im April die Regen strömen, desto mehr wird der Bauer vom Felde nehmen.

Für Keimung und Aufgang spät zu bestellender Feldfrüchte wie Hafer, Ölsonnenblumen, Zuckerrüben und Mais wird ausreichend Krumenfeuchtigkeit benötigt. Aber auch im Schossen, Ährenschieben oder in der Kornbildung befindliches Getreide braucht viel Wasser. Offenbart sich der April handzahm und friedlich wie ein Schaf, erweist sich das aus landwirtschaftlicher Sicht keinesfalls als Vorteil.

29. April

Zieht Katharina durch das Land, berührt sie die Natur mit sanfter Hand, lässt auf Kastanien Kerzen glüh'n und freut sich, wenn im Garten die Obstbäume blüh'n.

Dieser Reim feststellenden Charakters möchte zum Ausdruck bringen, dass um den Namenstag von Katharina von Siena gebietsweise die Rosskastanien zu blühen beginnen und viele Obstgehölze schon in Blüte stehen. Katharina lebte von 1347 bis 1380 und wird als Schutzpatronin Italiens sowie Helferin gegen Kopfschmerzen und Pest verehrt.

Der April macht die Knospen rund, der Mai öffnet ihnen den Mund.

Nicht umsonst trägt der April die Bezeichnung »Knospenmonat«, während der Mai als »Blütenmonat« besungen wird. Der April gilt als Vorbereiter des Blütenzaubers und dessen Farben- und Formenvielfalt im Mai.

30. April

Wenn in der Walpurgisnacht Hexenbesen die Regenwolken kratzen, Keller und Scheune im Herbst aus den Nähten platzen.

Versorgt der Vollfrühling die Felder mit ausreichend Niederschlag, sind die Weichen, egal ob es sich um Halm-, Hack- oder Ölfrüchte oder auch Wein und Obst handelt, auf einen guten Ernteertrag gestellt. Walpurga war eine englische Äbtissin, die von 710 bis 779 lebte. Der 1. Mai gilt als Tag ihrer Heiligsprechung. Die Walpurgisnacht wird als traditionelles Fest in der Nacht vor dem 1. Mai begangen. Johann Wolfgang von Goethe popularisierte diese in seinem »Faust«. Einer Überlieferung zufolge begeben sich die Hexen in dieser Nacht, auf Besen durch die Lüfte reitend, auf den Brocken im Harz.

Mai, Wonnemond, Weidemond oder Blütenmonat

Bauernregeln im Mai

Im Mai liegen Eis und Feuer oft eng beieinander. Obwohl die Sonne schon in der Lage ist, sommerliche Temperaturen zu erzeugen, kann es noch zu sehr kühlen Tagen, mitunter zu Frosttagen, kommen. Luft- und Bodenfröste einerseits sowie Hitze andererseits sind nicht zuletzt ein Ergebnis des virtuosen Zusammenspiels der meteorologischen Elemente im Wetterkonzert des Monats Mai, der nicht umsonst von Erich Kästner auch als »Mozart des Kalenders« bezeichnet wurde.

1. Mai

Toben Regen und Wind zur Maienzeit toll, werden im Herbst die Korntruhen voll.

Den Mai, oft als Monat der Hoffnung auf ein fruchtbares Erntejahr und als Zeit des größten Pflanzenwachstums angesehen, wünscht sich der Bauer eher feucht als trocken. Insofern sieht er den Wind und Regen bescherenden Tiefdruckgebieten mit Zuversicht entgegen, sollen diese doch mit ihren Niederschlägen den Grundstein für die Wochen später folgende Kornfüllungsphase beim Getreide und damit für eine gute Halmfruchternte legen. Nicht umsonst stand bei der Namensgebung des Monats die römische Göttin des Wachstums, Maja, Pate. Sie wurde bis ins 16. Jahrhundert im europäischen Raum mit frischem, die Fruchtbarkeit symbolisierendem Grün verehrt.

2. Mai

Können sich Athanasius und Sigismund nicht entscheiden, bringen wechselhaftes Wetter bis Konstantin (21.5.) die beiden.

Bis zum Ende der zweiten Maidekade herrscht im langjährigen Mittel unbeständiges, teils kaltes und zu Niederschlägen neigendes Wetter vor, es sei denn, Hochdruckwitterung mit einer größeren Erhaltungsneigung drückt dem Namenstag des Bischofs Athanasius und des Königs Sigismund von Burgund seinen Stempel auf. Während Athanasius der Große, der um 295 geboren wurde und im Jahre 373 starb, als Helfer gegen Kopfschmerzen von den Gläubigen angerufen wird, gilt Sigismund, dessen Leben im Jahre 524 endete, als Patron gegen Bruchleiden und Sumpffieber.

3. Mai

Zeigt sich Kreuzauffindung sonnig und klar, beendet ein harter Winter das Jahr.

Hochdruckwitterung in den ersten Maitagen hat zum Jahresende mit einer über dem Zufall liegenden Wahrscheinlichkeit antizyklonalen Witterungscharakter (Hoch über Nordost- oder Osteuropa) zur Folge. Seit dem 12. Jahrhundert nutzen Gläubige den Kreuzauffindungstag, um sich vor Blitzen und extremen Wettererscheinungen durch Beten an

OBEN: **Pirolmännchen mit seinem schmucken Federkleid. Pirole bevorzugen Auenwälder, Bruchwälder und gewässernahe Gehölze.**

in der Feldflur aufgestellten, mit reichlich Blumen geschmückten Hagel- oder Wetterkreuzen zu schützen.

Schließt die Anemone ihre Blüten, musst du dich vor Regen hüten, doch hält sie diese offen, darfst du auf Schönwetter hoffen.

Im Monat Mai vergewisserten sich unsere Altvorderen mit einem Blick auf die Blüten der Anemone, ob Regen bei der Feldarbeit bevorstehen wird oder nicht. Schlossen sich deren Blüten oder öffneten sich gar nicht erst, musste mit dem sprichwörtlichen »Nass von oben« gerechnet werden, präsentierten sie sich aber offen oder entfalteten sich, verhieß das freundliches Wetter.

OBEN: **Anemonen, sowohl wild wachsend als auch in Gärten kultiviert, reagieren auf Wetteränderungen recht empfindlich.**

4. Mai

Sankt Florian bringt dem Bergland gern Schnee, im Tiefland tut er den Obstblüten weh.

Um Florian existiert eine Tendenz zu Kälterückfällen. Diese können dem Bergland noch eine Hucke Schnee bringen und im Tiefland der Obstblüte schaden.
Der heilige Florian, der der Legende nach im Jahre 304 den Märtyrertod erlitt, wird als Helfer bei Feuer, Unwetter und Trockenheit angerufen sowie als Patron der Feuerwehrleute verehrt und soll Haus, Hof und Scheune vor Bränden schützen.

5. Mai

Auf Frost brauchst du bis Mamertus (11.5.) nicht warten, schon Godehard bringt ihn in deinen Garten.

Wie Florian ist auch Godehard, der von 960 bis 1038 lebte, ab und an für einen Nachtfrost gut. So bereitet der Patron der Maurer sowie Helfer gegen Steinleiden, Rheuma, Blitz und Hagel, der in seiner Amtszeit als Bischof rund 30 Kirchen errichten ließ, Winzern und Gärtnern mitunter Unbehagen.

Strahlt nachts am Maienhimmel der Große Wagen, kann morgens Bodenfrost die Pflanzen plagen.

Zeigt sich der Nachthimmel vor allem in der ersten Hälfte des Monats Mai sternenklar, sodass auch der Große Wagen samt Deichsel und Reiterlein problemlos zu sehen ist, muss mit einer verstärkten nächtlichen Wärmeabstrahlung vom Boden aus gerechnet werden. Die Folge ist eine starke Abkühlung der bodennahen Luftschichten, sodass sich noch häufig Bodenfrost einstellen kann. Dieser kann insbesondere Zier- und Gemüsepflanzen arg zusetzen. Auch Feldkulturen wie Mais können betroffen sein. Vereinzelt ist auch Luftfrost möglich, der dann die Blüten von Obstbäumen zu schädigen vermag.

6. Mai

Bringt nachts Antonia klare Stunden,
sind oft mit Frösten sie verbunden.

Gelangt Kaltluft um den Namenstag von Antonia nachts zur Ruhe, schläft also der Wind ein, und leuchten die Sterne vom Firmament, kann es nicht nur zu Boden-, sondern auch zu Luftfrösten kommen. Die heilige Antonia starb um das Jahr 259 in Cirta in Numidien, dem heutigen Ksantina in Algerien, unter Valerian den Märtyrertod.

7. Mai

Wenn Stanislaus Wärme bringt und
Sonnenschein, gehör'n die Kartoffeln
in die Erde rein.

Haben sich um Stanislaus schon nicht mehr an den Winter erinnernde Temperaturen durchgesetzt und lacht dazu die Sonne intensiv vom Himmel, steht der Kartoffelaussaat nichts mehr im Wege. Die Kartoffel keimt bei Krumentemperaturen ab zehn Grad.

Für das Namensfest des heiligen Stanislaus wird in der Bauernregelliteratur mehrheitlich der siebte Tag des Wonnemondes angegeben. Einer Legende zufolge soll sich Stanislaus von Krakau, der von 1030 bis 1079 lebte, während der Schlacht bei Tannenberg im Jahre 1410 schwebend über dem polnisch-litauischen Heer gezeigt haben.

OBEN: **Die Sonne hinter dem Windrad trägt einen Heiligenschein – untrügliches Anzeichen für eine Wetterverschlechterung.**

OBEN: Königsblüte an Apfelbaumzweig. Schon jetzt werden die Weichen für einen guten Ertrag des Kernobstes gestellt.

8. Mai

Wenn der Zapfen seine Schuppen schließt, der Himmel bald die Blumen gießt.

Tannenzapfen eignen sich gut als Wetterpropheten. Verschlechtert sich das Wetter, schließen sie ihr Schuppenkleid, um zu verhindern, dass die unter den Schuppen sitzenden Samen noch vor ihrer Reife Fäulnis bildendem Regen ausgesetzt sind und verderben. Die Tannenzapfen beginnen mit diesem Vorgang lange vor dem Eintreffen der Niederschläge, die sich durch Zufuhr zunehmend feuchter Luft ankündigen, da es eine gewisse Zeit dauert, bis alle Schuppen dicht anliegen. Bei Zustrom trockener Luft, die in der Regel schönes Wetter ankündigt, öffnen die Zapfen ihren »Schuppenpanzer«. Unter einer Kiefer geht dieser Vorgang mit einem nicht überhörbaren Knistern einher. Auch die Zapfen anderer Nadelgehölze reagieren auf Änderungen der Luftfeuchte sehr sensibel.

9. Mai

Mit den Königsblüten am Apfelbaum endet des Frühlings Jugendtraum.

Mit dem Beginn der Apfelblüte, bei der sich zuerst die sogenannten Königsblüten am Baum öffnen, hat der Frühling seine Jungfräulichkeit verloren. Immerhin nimmt mit dem Erblühen von Apfelbaum und Flieder die als Vollfrühling bezeichnete phänologische Jahreszeit ihren Anfang, die mit dem Blühbeginn des Wiesenfuchsschwanzes zu Ende geht. Übrigens entwickeln sich aus den Königsblüten, gewissermaßen als Erstgeborene, die größten Äpfel.

10. Mai

Dem Gordian fließt kaltes Blut in den Adern, das Gärtner und Winzer mitunter lässt hadern.

Während der ersten zwei Maidekaden ist häufig mit wechselhaftem Wetter und der Zufuhr kalter Luft aus Norden zu rechnen. So steht auch der Namenstag des Gordianus, der in der Kunst als Ritter mit Schwert und Zweig dargestellt wird, nicht selten in der Kritik der Gärtner und Winzer, die schon an die bevorstehenden Eisheiligen denken. Einer Inschrift aus dem 6. Jahrhundert zufolge war Gordianus ein Knabe im Alter von sieben Jahren. Es wird vermutet, dass er im 3. oder 4. Jahrhundert unter Kaiser Valerian oder unter Diokletian das Martyrium erlitt.

11. Mai

Bläst Mamertus Eisluft in die Maiennacht, zerstört er oft der Apfelblüte Duft und Pracht.

Zu Beginn des zweiten Drittels des Wonnemondes klopft mit Mamertus der erste Vertreter des fünfköpfigen Regiments der Eisheiligen an die Pforten. Der bis Mitte des 19. Jahrhunderts fast regelmäßige Kälterückfall zwischen dem 11. und 15. Mai, der uns als Singularität der Eisheiligen im jährlichen Witterungsablauf bekannt ist, lässt sich in erster Linie auf die Wirkung starker nächtlicher Ausstrahlung des Bodens bei klarem Himmel in zur Ruhe gelangter, von Norden her eingeflossener Luft zurückführen. Mitunter versetzt Mamertus, der speziell als norddeutscher Eisheiliger verehrt wird, die Gärtner in Schrecken, können doch Frostschäden an den Obstbaumblüten (insbesondere Apfel) schon bei geringen Kältegraden eintreten. Dabei sind die einzelnen Teile der Blüte in sehr verschiedenem Maße frostanfällig. Während ausgereifter, befruchtungsfähiger Blütenstaub Temperaturen bis minus 20 Grad schadlos überstehen kann, ist der junge Fruchtknoten mit Griffel und Narbe überaus frostempfindlich und zeigt erlittenen Schaden durch Bräunung an.
Mamertus gilt als Schutzpatron der Ammen. Im Jahre 462 soll er zum Bischof von Vienne berufen worden sein.

12. Mai

Pankratius kommt mit Eiskristallen, lässt Reif auf Gras und Blumen fallen.

Besonders in klaren Nächten, wenn sich bei einschlafendem Wind und verstärkter Wärmeabstrahlung eine stabile Luftschichtung über dem Boden ausgebildet hat und unmittelbar über der Erdoberfläche die niedrigsten Temperaturen auftreten, kommt es im Wiesengras verstärkt zu Kondensations- oder Resublimationsprozessen. Darunter ist der Übergang des Wassers vom gasförmigen in den flüssigen beziehungsweise festen Aggregatzustand zu verstehen.
Der zweite Vertreter der Eisheiligen, Pankratius, wird als Schutzpatron der Kinder und der

OBEN: Die Eisheiligen bescheren oft kalte Nächte, teils auch Frost, vor allem in Bodennähe. Zarter Reif ist die Folge.

jungen Saat sowie als Helfer bei Kopfschmerzen verehrt. Der Legende nach kam Pankratius um das Jahr 290 in Phrygien in der heutigen Türkei zur Welt. Im Jahre 304 soll er in Rom als Vierzehnjähriger der Christenverfolgung unter Kaiser Diokletian zum Opfer gefallen und enthauptet worden sein.

13. Mai

Wärmt sich nachts um Servatius der Bauer mit Grog, verharren die Bienen tagsüber im Stock.

OBEN: In der Zeit der Blüte finden sich viele Bienen und andere Nutzinsekten am ährigen Blütenstand des Lavendels ein.

Mit Servatius steht der dritte Eisheilige auf der Matte. Er macht als Patron von Maastricht, Limburg, Goslar, Quedlinburg und des Bistums Worms sowie der Schlosser und Tischler von sich reden, wird bei Rheuma, Fußschmerzen und Fieber angerufen und gilt auch als Helfer bei Mäuse- und Rattenplagen. Der als Bischof mit Buch, Schlüssel, Stab und Drachen dargestellte Heilige wurde vermutlich in Armenien geboren. Sein Geburtsjahr ist nicht bekannt. Beschert Servatius kühle Luft, haben Bienen und Hummeln große Probleme, auf Nektar- und Pollensuche zu gehen. Ihre Flugmuskulatur muss eine bestimmte Schwellentemperatur erreichen.
Im Gegensatz zur »Schafskälte«, die wir mit einer Wahrscheinlichkeit von 89 Prozent in der zweiten Junidekade erwarten können, ergibt sich für die Eisheiligen nur eine 67-prozentige Eintrittswahrscheinlichkeit, da es diese mit der Pünktlichkeit auch nicht mehr so genau nehmen.

14. Mai

Zu früh gepflanzte Gurken und Tomaten erleiden um Bonifatius oft tödlichen Schaden.

Mit Bonifatius lässt sich der vierte frostige Geselle blicken. In Böhmen fasst man die Anfangssilben der drei Kerneisheiligen Pankratius, Servatius und Bonifatius zu einem Eisheiligen namens »Pan Serbon« zusammen. Bonifatius wurde in Tarsus Zeuge zahlreicher Folterungen und Hinrichtungen von Christen. Von den leidenden Menschen beeindruckt, ließ er sich taufen. Bald darauf

wurde auch er verhaftet und mit siedendem Pech zu Tode gequält.
»Der Mai in der Mitte hat für den Winter noch immer eine Hütte«, behauptet der Volksmund. So muss in klaren und windstillen Nächten nach Zustrom polarer beziehungsweise arktischer Luft vor allem in unmittelbarer Bodennähe noch mit Temperaturen unter dem Gefrierpunkt gerechnet werden. Diesen können empfindliche Kulturen wie Gurken und Tomaten zum Opfer fallen. Außerordentlich empfindlich und ebenfalls schon bei null Grad gefährdet sind auch Markerbsen und Buschbohnen. Mais- und Kartoffelpflanzen können nur Temperaturen bis minus ein Grad schadlos überstehen.

15. Mai

Umarmt Sophia zu herzlich die Reben, wird's wenig Wein im Lande geben.

Während im Norden die Kerneisheiligen Pankratius, Servatius und Bonifatius um den heiligen Mamertus erweitert werden, erfahren sie in Süddeutschland eine Ergänzung durch die »kalte« Sophie. Das lässt sich damit erklären, dass die von Norden her einfließende Kaltluft etwa einen Tag braucht, um von der Nord- beziehungsweise Ostseeküste bis zum Alpennordrand vorzudringen. Rebstöcke sind umso mehr frostgefährdet, je näher sie sich am Fuße des Weinberges oder gar in einer Senke oder Mulde befinden, da sich in windstillen und wolkenarmen Frühlingsnächten die kälteste Luft in unmittelbarer Bodennähe bildet und in Geländevertiefungen zusammenfließt. Der Überlieferung nach war Sophia eine junge Römerin, die um das Jahr 305 Opfer der Christenverfolgung unter Kaiser Diokletian wurde. Die als Märtyrerin mit Palme und Schwert dargestellte Heilige wird als Patronin für das Gedeihen der Feldfrüchte verehrt.

16. Mai

Hält Nepomuk den Nachtwind still und macht zugleich den Himmel klar, dann kommt oft, was kein Gärtner will, ein später Frost im Mai fürwahr.

Bei starker nächtlicher Ausstrahlung, diese ist bei klarem Himmel und nur geringer Luftbewegung beziehungsweise Windstille gegeben, besteht auch um Nepomuk, sofern zuvor Kaltluft eingeströmt ist, noch ein gewisses Nachtfrostrisiko. Der heilige Johannes Nepomuk, Patron Böhmens, der Brücken und des Beichtgeheimnisses sowie Helfer bei Wassergefahren und Verleumdungen, zählt in einigen Regionen mit zu den Eisheiligen.

❧

Erst zwischen Nepomuk und Esther (24.5.) baut der Pirol sich seine Nester.

Der Pirol ist ein Zugvogel, der sich in Mitteleuropa von April bis September aufhält und von Mai bis Juli brütet. Insofern kann man der angegebenen Zeitspanne für den Nestbaubeginn weitgehend trauen. Der Lebensraum des Pirols umfasst lichte Wälder, vor allem lichte Auenwälder mit Pappeln und Eichen sowie Bruchwälder, aber auch Parkanlagen und große Gärten. Als Brutvogel des Tieflandes ist er in Höhenlagen oberhalb 600 m über NN, von wenigen Ausnahmen abgesehen, kaum noch anzutreffen und fehlt daher hierzulande meist in den Mittelgebirgen und den Alpen. Die nördliche Grenze seines Verbreitungsgebietes in Europa entspricht etwa der 17-Grad-Juli-Isotherme.

17. Mai

Je mehr die Maikäfer von den Eichenblättern speisen, umso mehr wird man's Getreide zur Erntezeit preisen.

Sofern die Maikäfer unter dem Aspekt der Energieaufnahme zum häufigen Fressen verleitet werden, was nicht zu kalte Nachtstunden und einen Entwicklungsvorlauf in der Pflanzenwelt voraussetzt, und sie sich an Eichenblättern, ihrer Lieblingsspeise, gütlich tun, sind Voraussetzungen für eine gute Getreideernte gegeben. Haben nämlich die Eichen schon zeitig ihre Blätter entfaltet, muss das Getreide keine verkürzte und damit ertragsmindernde Wachstums- und Entwicklungszeit bis zu seiner Ernte durchlaufen.

☙

Wenn Mairegen fällt auf Gerste und Roggen, darf der Bauer wegen kornschwerer Ähren frohlocken.

Der Landmann wünscht sich für eine gute Entwicklung des Getreides, insbesondere für die Zeit nach der Blüte, in der sich die Körner

OBEN: Der gebietsweise recht selten gewordene Maikäfer nähert sich einer Eiche. Er hat es auf die saftigen Blätter des Laubbaumes als Nahrung abgesehen.

in den Ähren entwickeln, eine optimale Bodenwasserversorgung der Halmfruchtbestände. Durch entsprechende Niederschläge kann der Mai einen wichtigen Beitrag dazu leisten. Natürlich darf es nicht zu einem Nässestau kommen, sodass die Getreidepflanzen gezwungen sind, über längere Zeit ein »Fußbad« zu nehmen.

18. Mai

Bringt Erik nordische Kühle, droht Medardus (8.6.) mit Gewitterschwüle.

Auch die Zeit um den Gedenktag des Märtyrers und Königs Erich von Schweden, auch Erik genannt, der im Jahre 1120 das Licht der Welt erblickte und im Jahre 1160 beim Besuch der heiligen Messe am Himmelfahrtstag heimtückisch ermordet wurde, beschert oft noch kühles Wetter. Im letzten Monatsdrittel stellt sich aber in sieben von zehn Jahren eine Schönwetterperiode ein. Diese dauert in Verbindung mit hochsommerlichen Temperaturen mitunter bis Medardus an, der dann mit Gewittern das Nahen der Schafskälte ankündigt.

19. Mai

Macht der Mai häufig das Roggenfeld nass, füllen prall sich die Ähren nach Barnabas (11.6.).

Unmittelbar vor Barnabas, in der ersten Junidekade, blüht normalerweise der Roggen. Da nach der Blüte die Kornfüllungsphase ansteht, wünscht sich der Bauer für diese ein gutes Bodenfeuchteangebot und hofft, dass der Mai seinen Beitrag dazu erbringt. Ist eine gute Wasserversorgung der Roggenpflanzen gegeben, können sich große Körner in den Ähren ausbilden.

20. Mai

Wenn um Bernhardin die Sonne glüht, auf dem Feld meist der Roggen blüht.

Zeigen sich die Tage um Bernhardin von Siena, der von 1380 bis 1444 lebte und als Helfer gegen Heiserkeit sowie Brust- und Lungenkrankheiten angerufen wird, sonnig und warm, ist die Wahrscheinlichkeit, dass während dieser Zeit der Winterroggen blüht, sehr hoch.

OBEN: Die nach der Blüte einsetzende Kornfüllung erfordert ausreichend Bodenfeuchte.

21. Mai

Zu Konstantin Blitz und Donnerschläge bringen heiße und dürre Julitage zuwege.

Stellen sich in der Zeit um den Namenstag von Konstantin in Verbindung mit überdurchschnittlichen Temperaturen häufig schauerartige und gewittrige Niederschläge ein, pflegt der Juli trocken, sehr warm und sonnenscheinreich zu werden.
Kaiser Konstantin der Große wurde um das Jahr 285 in Naissus geboren und starb 337 in Anchyrona. Er wird in der orthodoxen Kirche als Apostelgleicher verehrt.

22. Mai

Geht Rita im Sonnenschein flanieren, der Blumen Häupter bunte Falter zieren.

Um den Namenstag der Mystikerin und Augustiner-Eremitin Rita von Cascia, die um 1360 oder 1380 das Licht der Welt erblickte und deren Leben 1434 oder 1457 endete, hat sich der Kontinent weiter erwärmt. Darüber hinaus steht die Sonne bereits recht lang am Himmel, denn ihr Tagbogen ist schon recht groß. Wärme und intensive Einstrahlung locken viele Falter ans Tageslicht. Dazu zählen unter anderem Schwalben-

OBEN: Die Gescheine kurz vor der Rebblüte. Die Blühphase der Weinstöcke nimmt ihren Anfang, wenn sich die ersten Blütenkäppchen vom Blütenboden lösen.

schwanz, Schwarzer Apollo, Hufeisenklee-Heufalter, Mauerfuchs, Frühlingsschecken-falter, Geißkleebläuling, Labkrautschwärmer und Brombeerzipfelfalter.
Rita soll ein Leben in strengster Entsagung geführt haben. Bereits vom Tode gezeichnet, hatte sie darum gebeten, trotz bitterkalter Winterwitterung ihr aus dem Garten eine Rose zu bringen. Wider Erwarten aber blühte dort ein ganzer Rosenstrauß. In Erinnerung an dieses »Rosenwunder« pflegt man in Italien, an ihrem Namenstag sogenannte »Rita-Rosen« zu weihen.

Wässert reichlich der Maihimmel Gerste und Weizen, braucht der Landmann im Herbst mit den Talern nicht geizen.

Beschert der Mai reichlich Regen, der nicht zu Überflutungen oder stauender Nässe auf den Feldern führen darf, sind gute Voraussetzungen für die Wasserversorgung in der Kornfüllungsphase der Halmfrüchte in den Folgewochen gegeben. Sofern die Getreidebestände nicht noch durch extreme Wettererscheinungen zerstört werden, ist die Ernte in der Regel so gut, dass der Landmann seiner Familie und sich als Lohn für die Mühen etwas gönnen kann.

23. Mai

Ist der Mai kühl und nass, füllt's dem Bauer Scheun' und Fass.

Der Bauer wünscht sich einen Mai, der ihm richtiges Wachstumswetter beschert. Dazu gehört Regen, dessen dem Boden überbrachte Feuchtigkeit nicht zu schnell verdunstet. Dies ist aber nur der Fall, wenn sich der Mai nicht zu warm und sonnig zeigt. Der Winterweizen befindet sich im Schossen, und Winterroggen und Wintergerste beginnen mit dem Ährenschieben. Im Hinblick auf die nach der Blüte im Juni einsetzende Kornfüllung in den Ähren hofft der Bauer, dass zum Ende des Monats Mai noch ausreichend Bodenwasser für die Getreidepflanzen verfügbar ist, damit eine gute Getreideernte bevorsteht. Eine schlechte Bodenfeuchteversorgung während der Kornfüllungsphase der Halmfrüchte lässt zur Ernte im Juli und August nur kleine Körner oder Schmachtkörner in den Ähren erwarten.

24. Mai

Zeigt Esther sich mit Sonnenpracht, im Scheiding (September) die Sonne lacht; doch wenn an Esther Regen fällt, bringt der Herbstwind viel Wolken und Wasser zur Welt.

Scheint um Esther die Sonne intensiv vom Himmelszelt, pflegt der September in zwei von drei Fällen sonnenscheinreich auszufallen. Regnet es um Esther, steht im Mittel weniger schönes Septemberwetter in Aussicht. Esther, die als Königin von Persien im 5. Jahrhundert vor Christus lebte, soll durch mutigen Einsatz ihr Volk vor der von Großwesir Aman geplanten Vernichtung gerettet haben. Sie war eine jüdische Waise mit dem hebräischen Namen Hadassa, was so viel wie »Myrthe« bedeutet, und verwandt mit dem Juden Mordechai in Susa.

25. Mai

Wie Urbanus das Wetter hat,
so findet's in der Lese statt.

Die Witterung um Urbanus, der sich als Weinheiliger einen Namen gemacht hat und als Schutzpatron der Weinberge, Winzer und Küfer verehrt wird, kann Auskunft über die Witterung zur Weinlese geben. Lacht die Sonne um Sankt Urban überdurchschnittlich viel vom Firmament, kann man in sechs von zehn Fällen einen sonnigen Herbst erwarten. Dabei zeichnet sich in zwei von drei Jahren vor allem der September durch ein über der Norm liegendes Sonnenscheinangebot aus. Liegt die Sonnenscheindauer um Sankt Urban unter den langjährigen Durchschnittswerten, folgt in zwei Dritteln aller Fälle ein meteorologischer Herbst mit zu wenig Sonnenschein und dadurch auch mit mehr trüben Witterungsabschnitten. Urban, der als Helfer gegen Gewitter, Frost und Gicht angerufen wird, gilt als erster der beiden sogenannten kleinen Eisheiligen. Über das Leben von Urban ist nicht viel bekannt. Mit Sicherheit weiß man nur, dass er von 222 bis 230 Papst war und im Jahr 230 starb. Er wird in der Kunst mit Buch, Schwert und Weintraube oder Weinstock dargestellt.

OBEN: Schon knapp 25 Grad am Morgen. Die Meteorologen erwarten einen heißen Tag.

26. Mai

Machen sich um Philipp die Wolken aus dem Staub, an einen warmen und sonnigen Herbstmond (September) glaub.

Befindet sich Frau Sonne um Philipp in Hochform, steht mit einer Wahrscheinlichkeit von 60 bis 70 Prozent ein freundlicher September ins Haus. Philipp ist der zweite Vertreter der beiden »kleinen Eisheiligen«, die in den zurückliegenden Jahren ihren großen Vorbildern hin und wieder den Rang ablaufen konnten. Der heilige Philipp, der als Patron der Humoristen sowie als Helfer gegen Erdbeben gilt, lebte von 1515 bis 1595.

27. Mai

Hat Bruno Morgentau im Gepäck, spielen die Wolken im Gilbhart (Oktober) Versteck.

Morgentau deutet auf Hochdruckeinfluss und damit sonniges Wetter hin. Lacht Klärchen um das Namensfest des heiligen Bruno von Würzburg überdurchschnittlich lang vom

Firmament, so folgt in sechs von zehn Fällen ein sonniger Herbst. Vor allem im September dürfte es dabei Frau Sonne gelingen, die Wolken öfter in die Schranken zu weisen. Bischof Bruno, der Sohn des Herzogs Konrad von Kärnten und Mathildes von Schwaben, starb im Jahre 1045 nahe der Stadt Linz, sich auf einem Feldzug Heinrichs III. gegen die Ungarn befindend, durch die Trümmer eines einstürzenden Saales.

Geben Ring oder Hof sich Sonne und Mond, bald Regen und Wind uns nicht verschont.

Ein farbiger Ring um Sonne oder Mond entsteht durch Zerlegung des weißen Lichts in seine Spektralfarben in hohen, aus Eispartikeln bestehenden Schleierwolken. Diese Schleierwolken treten dort auf, wo Warmluftmassen langsam angehoben werden, wie es zum Beispiel vor einer sich annähernden Warmfront der Fall ist. Bis diese am Boden eintrifft, setzt Regen von mehreren Stunden, mitunter auch einem Tag oder länger ein. Der weite, farbige Ring deutet im Regelfall eine Wetterverschlechterung an, vor allem wenn die hohen Schleierwolken die Form von Häkchen, Spazierstöcken oder Büscheln annehmen. Die Wahrscheinlichkeit, dass die Bauernregel ins Schwarze trifft, liegt bei mehr als 80 Prozent. Höfe stellen dagegen geplante Wanderungen nicht infrage. Sie entstehen bei Vorhandensein reiner Wasserwolken und bescheren schlimmstenfalls etwas Sprühregen.

OBEN: **Weinberge im Licht der untergehenden Sonne. Für den Weinbau optimal ist eine Südausrichtung, da sie die besten Temperaturbedingungen bietet.**

28. Mai

Wenn die Schwalben hoch am Himmel kreisen, sie weiter auf schönes Wetter hinweisen; doch fliegen sie am Boden tief, dann hängt der Wettersegen schief.

Bei sonnigem Hochdruckwetter gelangen die Futterinsekten der Schwalben mit Thermikblasen in höhere Luftschichten. An Tagen mit wenig Sonnenschein oder bei trübem und regnerischem Wetter ist die Thermik nur schwach oder gar nicht ausgeprägt. Bei schönem Wetter folgen die kleinen Flugkünstler als Insektenfresser ihrer Beute in luftige Höhen. Bei sich abzeichnender Wetterverschlechterung, also aufkommendem Regen und Wind, halten sich die Futterinsekten mangels Thermik in Bodennähe auf. Die Schwalben gehen dann dort auf Jagd.

29. Mai

Schleckt am Abend die Katze sich oft übers Fell, naht schlechtes Wetter nicht so schnell.

Bei Hochdruckwetter, das normalerweise eine größere Erhaltungsneigung besitzt, ist die Luftfeuchte meist niedrig, sodass sich die

OBEN: Katzen leisten als Wetterpropheten gute Dienste. Leckt der Stubentiger abends häufiger sein Fell, steht der Feldarbeit am Folgetag nichts im Wege.

Haare der Katze elektrisch aufladen können, wenn das Tier andere Gegenstände berührt. Das passiert häufig, wenn die Stubentiger sich an Stuhl- oder Tischbeine, Schrankkanten, Türpfosten oder Hauswände anschmiegen. Katzenhaare verlieren leicht Elektronen, was dazu führt, dass sie eine positive Ladung aufweisen. Leckt sich das Tier sehr häufig, erhöht sich die Leitfähigkeit des Fells. Dadurch kann die für die Katze unangenehme Ladung, die sich im Tagesverlauf aufgebaut hat, besser abfließen. Im Falle hoher Luftfeuchtigkeit findet dagegen fast keine elektrostatische Aufladung des Katzenfells statt.

30. Mai

Kommt Wigand an mit freundlicher Miene, kommt sehr viel Flachs in die Maschine.

Freundliche Witterung um Wigand fördert das Wachstum und die Entwicklung des Flachses, sodass ein hoher Ertrag erwartet werden kann.
Über das Leben des heiligen Wigand ist kaum etwas bekannt. Ob es sich bei ihm um einen Zisterziensermönch gleichen Namens handelt, der im 12. Jahrhundert lebte und vorübergehend im Kloster Volkenroda in Thüringen wirkte und als dessen Namensfest der 26. Oktober ausgewiesen wird, ist fraglich.

31. Mai

Holt Petronilla viel Wasser vom Himmel, legt früh sich der Hafer für Rappen und Schimmel.

Starkniederschläge oder gar Hagel am Monatsende können dazu führen, dass sich die Halme des Hafers flach auf den Boden legen, was die Qualität des Pferdefutters beeinträchtigt und die Ernte erschwert.
Die Märtyrerin Petronilla (auch Petronella), in Legenden des 5. und 6. Jahrhunderts als Tochter des Petrus bezeichnet, wird als Patronin von Rom sowie der Pilger und Reisenden und als Helferin bei Fieber verehrt.

OBEN: Goldregen und Blauregen als Komposition zweier Schmetterlingsblütler.

Juni, Brachmond, Rosenmond oder Johannismonat

Bauernregeln im Juni

Der Juni ist der erste meteorologische Sommermonat. Die mit blühenden Margeriten, Klatschmohn, Lichtnelken, Hahnenfuß, Akelei, Johanniskraut, Storchschnabel und anderen Wildblumen übersäten Wiesen stellen eine Augenweide und für die Bienen ein schier unerschöpfliches Reservoir bei ihrer Suche nach ergiebigen Nektarquellen dar. Nach Sonnenuntergang verzaubert der funkelnde Reigen der Glühwürmchen.

1. Juni

Weiden die Schafe um Fortunatus im Sonnenschein, fährt der Bauer viele Garben in seine Scheune ein.

Herrscht um Fortunatus, der als Priester in Italien wirkte und im 4. oder 5. Jahrhundert starb, sonniges, auch die Schafe erfreuendes Wetter, kann der Bauer auf reiche Ernte hoffen. Nach üppigem Maienregen pflegt der Juni für ein ausgewogenes Verhältnis zwischen himmlischem Nass und Sonnenschein zu sorgen. Mit der von Klärchen zugeführten Energie kann das Getreide mit Blick auf einen hohen Korn- und Strohertrag zunächst weiterwachsen, sich optimal entwickeln und dann bis zur Ernte reifen. Neben seinem Priesteramt betätigte sich Fortunatus auch handwerklich, um aus dem Erlös dieser Tätigkeit Armen und Bedürftigen zu helfen.

2. Juni

Lässt Elmo kleine Feuer an Mastspitzen leuchten, werden Gewitter bald Felder und Wiesen befeuchten.

Elmsfeuer werden durch elektrische Entladungen (Spitzenentladungen) hervorgerufen und können beim Nahen eines Gewitters und auch während desselben an Antennen sowie Kirchturm-, Berg-, Baum- und sogar Gräserspitzen, einhergehend mit einem Zisch- oder Pfeifgeräusch, beobachtet werden. Bei Auftreten des unheimlich wirkenden Elmsfeuers besteht die Gefahr eines Blitzschlages. Elmsfeuer sollten daher als Warnung angesehen werden. Ihr Namensgeber Elmo wurde Anfang des 3. Jahrhunderts in der Türkei geboren und starb 303 wahrscheinlich in Kampanien infolge von in Antiochia und Sirmium erlittener mehrfacher Martern. Über den Heiligen wird berichtet, dass er bei einer Schiffsreise nach Italien auf hoher See durch lautes Beten riesigen, gefährlichen Wellen ihre zerstörerische Wirkung nahm. An den Masten des Schiffes begannen dabei kleine blaue Flämmchen zu leuchten.

OBEN: **Das Taubenpärchen auf dem schwarzen Schornstein fühlt sich in Anbetracht des herrlichen Wetters sehr wohl.**

3. Juni

Ein Feuer und ein Wasserkessel drauf, das ist des Brachmonds (Juni) bester Lauf.

Dieser Spruch besagt, dass sich der Bauer den Juni warm und bis zum Johannistag (24. Juni) auch mit ausgewogener Niederschlagsaktivität wünscht, um zu einem guten Getreideertrag zu gelangen. Allerdings darf die Juniwitterung nicht zu feucht sein, damit sich in den Halmfruchtbeständen keine Pilzerkrankungen ausbreiten können.

4. Juni

Kommt Quirinus mit Sommergesicht, traut sich der Hirschkäfer ans Tageslicht.

Den imposanten Käfer, der eine sehr lange Entwicklungszeit durchläuft – immerhin verbringt er fünf bis acht Jahre als Larve im Wurzelbereich alter Eichen bzw. morscher Baumstubben –, bekommt man nur in den Monaten Juni oder Juli zu sehen. Sobald sich das Erdreich durch die Sonneneinstrahlung frühsommerlich erwärmt hat, verlässt er den

OBEN: Gewitterwolke (Ambosswolke) am Horizont an einem heißen Junitag. Sie liegt noch etliche Kilometer von der Ortschaft weg, über der die Sonne lacht.

Boden. Quirinus wurde während der Christenverfolgung unter Kaiser Diokletian aus Kroatien nach Sabaria (heute Szombathely) in Ungarn verschleppt und dort im Jahre 308 oder 309 mit einem Mühlstein um den Hals im Fluss Gyöngyös ertränkt.

5. Juni

Wenn der Eimer voll Wasser außen beschlägt, die Luft ein Gewitter zu dir trägt.

Wird die Luft warm und schwül, beginnen Steine, Toilettenspülkästen oder auch Sensen und Äxte zu tropfen. Dieser Vorgang lässt sich auf Kondensation der in der Luft enthaltenen Feuchte an Gegenständen zurückführen, die aufgrund größerer spezifischer Wärme ihres Materials eine noch niedrigere Temperatur aufweisen. Häufig lassen dann Schauer und Gewitter nicht lange auf sich warten.

6. Juni

Wenn sich um Norbert schönes Wetter stellt ein, wird's sonnig und warm bis zur Schafskälte sein.

Dominiert um das Namensfest des heiligen Norbert von Xanten, der als Schutzpatron Böhmens und als Gründer des Prämonstratenserordens gilt, wider Erwarten eine Hochdruckwetterlage – häufig sorgt kühle Meeresluft für Verdruss –, kann man guter Hoffnung sein, dass sich das freundliche Wetter bis zum Ende der ersten Junidekade hält.
Der heilige Norbert wurde um 1080 geboren und starb 1134. Auf einem Ritt soll ein Blitz in seiner unmittelbaren Nähe eingeschlagen sein. Dieses Erlebnis war für ihn der Anlass, sich vorübergehend als Büßer in der Benediktinerabtei Siegburg niederzulassen.

☙

Schmückt sich's Frauenmantelblatt mit Diadem, wird Regenwetter für den Wanderer zum Problem.

Der als Heilpflanze bekannte Frauenmantel, auch »Tränenschön« genannt, kann Auskunft über das Wetter geben. Sitzen an seinen Blatträndern kleine Wassertropfen, weist dies auf eine Wetterverschlechterung hin. Bei den Tröpfchen handelt es sich um Guttationswasser, das die Pflanze durch feine Poren infolge osmotischen Drucks absondert, das aber aufgrund der mit der Wetterverschlechterung zunehmend feuchteren Luft nur schwer oder gar nicht verdunsten kann.

OBEN: Bei volkstümlichen Wetterprognosen kann der Frauenmantel eine große Hilfe sein.

OBEN: Im Lee des Gebirges auftretende Linsenwolken weisen auf troposphärische Absinkvorgänge und damit auf den Fortbestand freundlichen Wetters vor Ort hin.

7. Juni

Wenn Föhnfische im Himmelsmeer treiben,
wird das schöne Wetter noch bleiben.

Solange Föhnwind weht, ist durch Wolkenauflösung im Lee eines Gebirges freundliches Wetter garantiert. Daran können auch die Föhnfische genannten linsenförmigen Wolkenauflösungen oder die ihre Entstehung Wellenerscheinungen und dem damit verbundenen Aufwind verdankenden »Moazagotl«-Wolken nichts ändern. Die Bezeichnung »Moazagotl« lässt sich auf einen Schäfer namens Gottlieb Matz zurückführen. Er soll diese Wolken häufig am Rande des Riesengebirges beobachtet haben.

8. Juni

Regen am Medardustag verdirbt
den ganzen Heuertrag.

Der als Patron der Winzer, Bauern, Bierbrauer und Schirmmacher verehrte Medardus erblickte um 475 in Salency das Licht der Welt und starb um 560 in Noyon. Er wird für trockenes Heuwetter und eine gute Ernte angerufen. Die Bauern in Süd- und Südosteuropa achten mit großem Interesse auf das Wetter um Medardus, füllt doch dort dieser Tag die Rolle aus, die hierzulande dem Siebenschläfer (27. Juni) zukommt. Dennoch überrascht, dass auch in der Mitte Deutschlands nach verregnetem Wetter um Medardus die Zahl der Regentage in der zweiten und dritten Junidekade in sechs bis sieben von zehn Jahren überdurchschnittlich ausfällt.

9. Juni

Wenn der Enzian seine Blüten schließt, bald viel Wasser zu Tale fließt.

Verschwindet im Bergland die Sonne hinter dunklen Wolken, stellt sich häufig eine Wetterverschlechterung ein. Offensichtlich reagiert der Enzian auf Änderungen der Lichtverhältnisse und der Luftfeuchtigkeit sehr sensibel. Schließt er seine Blüten, kann binnen kurzer Zeit aus einem harmlosen kleinen Fließgewässer ein reißender Gebirgsbach werden.

10. Juni

Hält Margarete viel Sonnenschein bereit, macht Heu der Bauer und hat wenig Zeit.

Wenn zum Namensfest der heiligen Margarete von Schottland freundliches Wetter herrscht, versucht der Bauer, im Wissen um die bevorstehende, häufig mit Regen einhergehende Schafskälte sein Heu ins Trockene zu bringen, damit dieses nicht verdirbt. Viel Zeit bleibt ihm nicht, kann doch die bis dahin meist vorherrschende Hochdrucklage mit einer Winddrehung von Südwest auf Nordwest umschlagen und der europäische Sommermonsun einsetzen.
Margarete, in der Kunst in königlichem Gewand mit Krone zu Füßen oder als Nonne dargestellt, kam um 1046 im ungarischen Reska als Tochter des dorthin verbannten englischen Königs Edward Atheling und der ungarischen Prinzessin Agathe zur Welt und starb im Jahre 1093 in Edinburgh.

11. Juni

Wenn der Himmel an Sankt Barnabas weint, der Wolken wegen die Sonne nicht scheint, dann lässt der Bauer die Sense liegen, bis Rotklee und Gras sich im Sommerwind wiegen.

Mit Barnabas ist die Zeit der Schafskälte gekommen. Bei Zufuhr kühler und an Regen reicher Luft sind keine guten Bedingungen für die Heuwerbung gegeben. Die Sense muss pausieren, da für die Trocknung des bei der Mahd erhaltenen Schnittgutes

OBEN: Der Enzian ist eine typische Gebirgspflanze, insbesondere der Alpen. In Europa gibt es ungefähr 35 Arten.

OBEN: Das Johanniskraut, auch Tüpfel-Hartheu genannt, ist eine alte Heilpflanze, die von Juni bis August blüht.

mindestens drei bis vier niederschlagsfreie Tage mit hohen Verdunstungsraten benötigt werden.
Der heilige Barnabas, dessen Leben im Jahre 61 durch Steinigung in Salamis bei Famagusta endete, wird als Schutzpatron von Mailand und Florenz sowie der Küfer und Weber, aber auch als Helfer gegen Hagel, Streit und Traurigkeit verehrt.

Weht kalter Juniwind über Wiesen und Weiden, haben Gurken und Mais darunter zu leiden.

Gurken und Mais gelten als warmeliebende Kulturpflanzen. Weht zur Zeit der Schafskälte ein kühler Wind, stocken sie in Wachstum und Entwicklung. Mitunter sind sie, was natürlich auch von der Folgewitterung abhängt, nicht in der Lage, eingetretene Defizite bis zur Ernte auszugleichen.

12. Juni

Schließt die Vogelmiere ihre kleinen Blüten, musst du dich vor Regenwetter hüten.

Man könnte bei dieser kleinen, weiß blühenden Wildpflanze von einem lebenden Messgerät sprechen, das uns Aufschluss über das Wetter im Tagesverlauf geben kann. Zieht nämlich feuchte Luft heran und verdunkelt sich der Himmel, schließt die Vogelmiere ihre Blüten oder öffnet sie erst gar nicht.

13. Juni

Verströmt der Pfeifenstrauch seinen Blütenduft, liegt bald Schafskälte in der Luft.

Wenn der Falsche Jasmin unsere Sinne mit angenehm duftenden Blüten betört, was besonders bei zunehmend feuchterer Luft der Fall ist, naht eine Wetterverschlechterung. Da der Strauch zu Beginn des Frühsommers erblüht, handelt es sich um die Schafskälte.

14. Juni

Wenn blau blühend die Lupinen am Waldrand stehen, pflegt auch der letzte Hauch des Winters (Schafskälte) bald zu vergehen.

Wenn die zu den Schmetterlingsblütlern und Leguminosen zählende Lupine, die an Waldrändern wild wächst, ihre blauen Blüten zur

Schau stellt, hat für die späten Nachwehen des Winters das wirklich allerletzte Stündchen geschlagen. Dessen ungeachtet erfreut ihr Anblick – die blaue Blume ist seit Novalis (1772–1801) Sinnbild romantischer Sehnsucht – den Betrachter.

15. Juni

Damit das Sonnenwendfeuer weit leuchten kann, fängt Sankt Veit mit dem Holzsammeln an.

Früher begannen um Sankt Veit die jungen Burschen von Haus zu Haus zu ziehen, um Brennholz für die Sonnenwendfeuer zu erbitten. Da diese Feuer weithin sichtbar sein sollten, musste viel Holz zusammengekarrt werden. Veit, der um das Jahr 297 geboren wurde und um das Jahr 304 im Kindesalter starb, gilt als Schutzpatron der Apotheker, Winzer, Bergleute und Schmiede. Als volksnaher Heiliger wird er als Helfer bei Hunde- und Schlangenbissen sowie bei Blitz, Feuergefahr und Unwettern angerufen.

Der Wind dreht sich um Sankt Veit, da legt sich's Laub auf die andere Seit'.

Im langjährigen Mittel erwartet uns um den Monatswechsel vom Mai zum Juni relativ hoher Luftdruck, woraus die geringste Regen-

OBEN: In der Zeit um Sommersonnenwende und Johannistag werden in vielen Regionen Brauchtumsfeuer entfacht, welche die Sonne symbolisieren sollen.

häufigkeit im Jahresverlauf resultiert. In der Folgezeit pflegt die Hochdrucklage zusammenzubrechen, sodass Tiefdruckgebiete oder ihre Ausläufer wieder Mitteleuropa erreichen können. Die sich ändernde großräumige Luftdruckverteilung bewirkt eine Drehung der mittleren Windrichtung von Südwest auf Nordwest. Der europäische, kältere Luftmassen heranführende Sommermonsun bewirkt, dass das Laub der Bäume aufgrund des Winddruckes eine andere Position einnimmt.

16. Juni

Sitzt die Schafskälte um Benno im Garten, kannst du Sonne und Wärme um Johannis (24.6.) erwarten.

Herrscht um den Gedenktag des heiligen Benno von Meißen, der um 1010 geboren wurde und dessen Leben im Jahre 1106 endete, eine kühle und feuchte Witterung vor, stellt sich häufig, nicht nur zur Freude der frisch geschorenen Schafe, um den Johannistag Wärme ein. Einer Legende zufolge soll Benno seine Domschlüssel ins Wasser der Elbe geworfen haben. Drei Jahre später entdeckte er die Schlüssel im Bauch eines Fisches wieder. Aufgrund dieser Begebenheit wird der auch als »Apostel der Wenden« bezeichnete Benno in der Kunst als Bischof mit einem Fisch, der zwei Schlüssel im Maul trägt, dargestellt.

OBEN: **Hinterteil und Schwanz der Rinder zeigen in die Richtung, aus der der Wind weht. Auch äsende Rehe verhalten sich so.**

17. Juni

Wenn die Eule laut schreit im regennassen Wald, verliert noch mehr Wasser der Himmel bald.

Offenbar mögen Eulen wiederholten Regen nicht. Möglicherweise bereitet das nicht trocknen wollende Federkleid ihnen Unbehagen, was sich in lautem Schreien äußert. Vielleicht stört es die Eulen auch, dass sich ihre Beutetiere bei Regen verstecken.

18. Juni

Wenn die Kuh nach dem Westen schaut, der Bauer auf freundliches Wetter baut; doch schaut die Kuh nach dem Osten, fällt bald Regen auf Dächer, Zaun und Pfosten.

Um Feinde besser wahrnehmen zu können, stellen sich Rinder und Rehe beim Fressen und Wiederkäuen mit dem Hinterteil in Richtung Wind und zeigen uns somit die Windrichtung an. Ostwinde führen meist trockene

Luftmassen heran, während Westwinde überwiegend feuchte Luft zu uns transportieren, in der sich häufig Niederschläge ausbilden.

19. Juni

Gervasius und Protasius füllen mit Körnern die Ähre, hoff, dass ihnen Trockenheit dies nicht verwehre.

Hitzestress und Bodendürre um den Namenstag der Märtyrer und Zwillingsbrüder Gervasius und Protasius können zu einem unbefriedigenden Verlauf oder Abbruch der Kornfüllungsphase beim Wintergetreide führen. Wassermangel zieht Schmachtkörner, Taubährigkeit oder Notreife der Halmfruchtbestände nach sich.
Gervasius soll während der Zeit des Kampfes gegen die Markomannen um das Jahr 270 mit Bleigeißeln zu Tode gepeitscht und Protasius enthauptet worden sein.

20. Juni

Kommt Adalbert mit Regenhaube, bleiben trocken am Siebenschläfer (27.6.) Amsel und Taube.

Kaltlufteinbrüche sind vom 24. bis 26. Juni recht häufig. Erfolgen diese mit Regen bereits um den Gedenktag des Mönches und Glaubensboten Adalbert von Magdeburg, ist die bedingte Wahrscheinlichkeit hoch, dass sich der Siebenschläfer freundlich zeigt. Adalbert war fünf Jahre Kanzleinotar beim späteren Kaiser Otto I., bevor er 959 Benediktinermönch in Trier wurde. Auf Bitten der russischen Großfürstin Olga 961 als Missionsbischof nach Kiew geschickt, stieß er auf heftigen Widerstand und entkam nur knapp dem Tode.

21. Juni

Wenn die Sonne um Alban vom Himmel glüht, ist meist der Rebstock schon verblüht.

Natürlich hängt es von der geographischen Lage des Weinberges und dem Witterungsverlauf im Frühling ab, ob um Alban von Mainz und damit um die Zeit des astronomischen Sommerbeginns die Reben bereits ihr Blühstadium überschritten haben oder nicht und schon in die Fruchtentwicklung eingetreten sind. Während sich der Spruch im Südwesten Deutschlands sehr häufig bestätigt, kann sich die Blüte der Reben in den nordöstlichen Regionen mitunter bis in den Juli hinein erstrecken.

OBEN: **Silberdisteln haben sich oft als gute pflanzliche Wetterpropheten erwiesen und einsamen Bergwanderern geholfen.**

Alban wurde in Italien oder auf Naxos in Griechenland geboren (Geburtsjahr unbekannt) und starb im Jahre 406. Der Helfer bei Unwetter, Hals- und Kopfschmerzen, Pest und Epilepsie soll während eines Gebets von eingefallenen Vandalen gefasst und enthauptet worden sein.

☙

Wartet die Silberdistel auf den Besuch von Faltern und Bienen, wird Frau Sonne am Himmelszelt weiterdienen.

Früher wurde die Silberdistel als Wetterprophetin genutzt. Bei trockenen und sonnigen Bedingungen lockt dieser Korbblütler die Insekten an, Nektar zu saugen. Der Fortbestand freundlichen Wetters ist dann sehr wahrscheinlich. Erhöht sich aber die Luftfeuchtigkeit bei Wetterverschlechterung, nehmen die Hüllblätter aufgrund ihrer hygroskopischen Eigenschaft Wasser auf, krümmen sich nach oben und verschließen den Blütenkorb zum Schutz der vielen Röhrenblüten vor zu erwartendem Regen.

22. *Juni*

Wandern um Achatius die Distelfalter ein, wird heiß das Wetter in den letzten Junitagen sein.

Mitunter kommt es um Achatius zur Invasion der Distelfalter. Riesige Schwärme dieses Schmetterlings lassen sich mit einer südlichen Strömung aus Nordafrika und dem Mittelmeerraum über die Alpen treiben. Mit dem Südwind werden auch heiße Luftmassen herangeführt, die den letzten Junitagen ihren Stempel aufdrücken.
Der aus Kappadokien stammende Achatius soll um 120 gestorben sein. Er gilt als Anführer der zehntausend Märtyrer, die auf dem Ararat in die Dornen gestürzt und gekreuzigt wurden.

☙

Wenn Achatius Sommerzeichen setzt, mit der Sense der Bauer zur Wiesenmahd hetzt.

Für die Trocknung frisch geschnittenen Heues benötigt man ein Zeitfenster von drei bis vier niederschlagsfreien Tagen mit höherem Verdunstungshunger der Atmosphäre, soll doch die über die Wiese streichende Luft die Feuchtigkeit des Schnittguts aufnehmen. Da der Siebenschläfer bevorsteht, ist die Eile des Bauern verständlich. Regen kann die Qualität des Schnittguts beeinträchtigen oder eine kosten- und energieaufwendige maschinelle Trocknung erforderlich machen.
Eine Dominikanerlegende berichtet, dass Achatius nicht um 120 gekreuzigt, sondern als Erzbischof mit vielen Geistlichen um 343 unter König Sapor II. von Persien hingerichtet worden ist.

23. *Juni*

Wächst der Hanf im Sommer zum Riesen heran, siehst Zwergenwuchs du den Kartoffeln an.

Hanf dringt mit seinen Wurzeln bis zu 140 Zentimeter tief ins Erdreich ein. Selbst in trockenen Sommern hat er daher kaum Probleme, an Wasser zu gelangen. Da er als Steppenpflanze Wärme liebt, vermag er sich prächtig zu entwickeln. Trockenheit, die meist mit Hitze einhergeht, macht dagegen den Kartoffelknollen arg zu schaffen und hindert ihr Wachstum.

24. Juni

Hält die Wegwarte ihre Blüten um Johanni lang offen, darfst du nachts auf den Reigen der Glühwürmchen hoffen.

Wenn um Johanni bis in den Nachmittag hinein die Wegwarte, die der Legende nach ein zur Blume gewordenes Mädchen ist, das auf ihren Auserwählten wartet, die Wegränder blau färbt, herrscht sonniges Hochdruckwetter. Geht dieses mit Wärme und nur geringer Luftbewegung einher, tanzen nach Einbruch der Dunkelheit Glühwürmchen über trocknendem Heu ihren Reigen.
Der Bußprediger und Prophet Johannes gilt als Patron der Winzer, Gastwirte, Fassbinder, Steinmetze, Schmiede und Kaminkehrer.

25. Juni

Zeigt Regenschirme der Sauerklee gern, ist's Schlechtwetter nicht mehr fern.

Auf Wetterveränderungen reagiert Sauerklee sehr sensibel. Bei nahendem Regen pflegt er nicht nur die zur Schau getragenen weißen Blüten zu schließen, sondern auch die Blätter zusammenzufalten und die Blattstiele aufrecht zu stellen. Er bildet gewissermaßen Regenschirmchen, von denen das Wasser abläuft und nicht ganz uneigennützig dem Boden zugeführt wird. Sauerklee liebt schattige und frische Standorte.

26. Juni

Wenn die Johanniswürmchen schön leuchten und glänzen, kommt's Wetter zu Lust und im Freien zu Tänzen; verbirgt sich das Tierchen bis Johanni (24.6.) und weiter, wird's Wetter einstweilen nicht warm und nicht heiter.

Von Mitte Juni bis Anfang Juli kann man nach Sonnenuntergang bei windschwachem und warmem Hochdruckwetter der Glühwürm-

OBEN: Bergbauer bei der Heuwerbung. Für die Trocknung des Schnittgutes wird viel Sonnenschein und Wärme benötigt.

chen ansichtig werden. Die kleinen Leuchtkäfer, von denen übrigens nur die Männchen fliegen können, feiern in der zweiten Junihälfte Hochzeit. Bei kühlem, windigem und verregnetem Wetter halten sie sich versteckt.

27. Juni

Beschert der Siebenschläfer himmlisches Nass,
bleibt voll bis Lorenz (10.8.) das Regenfass.

Die Luftdruckverteilung um den Siebenschläfer entscheidet oft darüber, ob sich während der Folgewochen eine Westwetterlage mit reichlichen Niederschlägen einstellt oder nicht. Ziehen Tiefdruckgebiete und deren Ausläufer über Skandinavien und Mitteleuropa wie auf einer Rennbahn hinweg, verringern sich mit einer Wahrscheinlichkeit von etwa 70 Prozent die Chancen auf sonniges Urlaubs- und Erntewetter. Bildet sich jedoch im Verlauf der letzten Junitage eine Hochdruckbrücke von den Azoren über Mitteleuropa bis zum Ural aus, die wie ein Wall heranziehende Tiefdruckgebiete abblockt, sind mit ungefähr 60-prozentiger Wahrscheinlichkeit günstige Voraussetzungen für sonnenscheinreiches und trockenes Sommerwetter gegeben.
Der Siebenschläfer erinnert an sieben fromme Jünglinge aus der Stadt Ephesus, die sich im Jahre 251 während der Christenverfolgung in einer Höhle des Berges Ochlon versteckten und dort, von ihren Peinigern eingemauert, fast 200 Jahre schliefen.

OBEN: **Blaue Lupinen an Waldrand und Böschungen sind eine Augeweide. Lupinen reichern den Boden mit Stickstoff an.**

28. Juni

Wenn Irenäus auf Sonnenschein schwört,
man Sense und Sichel im Wiesengras hört,
dann bleiben trocken bis Afra (7.8.) Stroh
und Korn und zum Haferschnitt bläst bald
der Bauer ins Horn.

Der im Falle Hochdruckwetters mit reichlichem Sonnenschein anwendbare Spruch ähnelt einer für Urlaub und Ernte positiven oder optimistischen Siebenschläferreimvariante, die da lautet: »Blinzeln die Siebenschläfer in die Sonne, bleibt lange leer die Regentonne«. Hochdrucklagen, die hin und wieder auch die Siebenschläferwitterung prägen können, zeichnen sich nämlich häufig durch die Eigenschaft aus, sich über weite Strecken des Sommers immer wieder zu regenerieren, was dann gute Bedingungen für die Getreideernte zur Folge hat.
Irenäus wirkte als Märtyrer, Kirchenvater und Bischof von Lyon. In seinem Amt als Bischof,

in das er 177 oder 178 gewählt wurde, trat er als Missionar und Friedensstifter mit Erfolg in Erscheinung.

Regenbogen am Morgen des Hirten Sorgen, Regenbogen am Abend den Hirten labend.

Ein Regenbogen am Morgen befindet sich immer am westlichen Himmel. Meist nähert sich von dort ein Schauerfeld dem Standort des Beobachters. Für eine Wetterbesserung im Laufe des Tages besteht dann wenig Hoffnung. Anders sieht es bei einem Regenbogen am Abend aus, wenn die Sonne von Westen auf das Niederschlagsgeschehen im Osten scheint, wie das nach Passage einer Kaltfront der Fall sein kann, der gewöhnlich Wetterberuhigung folgt.

29. Juni

Wenn's an Peter und Paul wie aus Kannen gießt, viel Wasser im Heumond (Juli) vom Himmel fließt; doch zeigt sich die Sonne am Firmament, im Juli sie Wunden ins Grünland brennt.

Im Kern ähnelt diese Spruchweisheit der Siebenschläferregel, deren Zusammenhänge, egal ob pessimistischer oder optimistischer Natur, auch hier ihre Entsprechung finden. Der Namenstag der Apostel Petrus und Paulus wird auch als »Wetterherrentag« bezeichnet. Während Peter als Schutzpatron der Fischer, Steinmetze und Brückenbauer gilt, wird Paul als Patron der Korbmacher und Sattler, aber auch als ein Garant für die Fruchtbarkeit der Felder verehrt.

30. Juni

Wenn die Sonnenbräute ihre Schönheit entfalten, wird sich das Wetter freundlich gestalten.

Sonnenbräute wie Gänseblümchen, Löwenzahn, Wegwarte, Ringelblume und Kamille pumpen beim Nahen sonnigen und warmen Wetters Wasser in ihre Blütenzellen. Somit öffnen sich die Blüten bei einsetzendem Hochdruckeinfluss oder morgens bei Erhalt desselben. Die Sonnenbräute wenden ihre Gesichter, gemeint sind die Blütenkörbe, der Licht und Wärme spendenden Sonne zu. Man gewinnt den Eindruck, als wollten sie mit Frau Sonne Hochzeit feiern.

OBEN: **Der Anblick eines Regenbogens als grandiose optische Naturerscheinung fasziniert seit Menschengedenken.**

Juli, Heumond, Wärmemond oder Bärenmonat

Bauernregeln im Juli

Der Juli ist der wärmste Monat des Jahres. Blitz und Donner gehören zur Normalität. Winzer, Obstbauern und Landwirte fürchten den oft mit Juligewittern verbundenen Hagelschlag. Dieser kann schwere Schäden an den im Wachstums- und Reifeprozess befindlichen Kulturen verursachen. Die Einbringung des Heues steht im Vordergrund der bäuerlichen Mühen.

1. Juli

Hält der Ackergauchheil
seine Blüten offen, darfst du auf
schönes Wetter hoffen.

Der Ackergauchheil, ein von Juni bis Oktober blühendes Unkraut, kann Auskunft über das bevorstehende Wetter geben. In alter Zeit wurde dieses Gewächs als »Wetterglas des armen Mannes« bezeichnet. Hält die einjährige Wildpflanze ihre orange- bis zinnoberroten Blüten geschlossen, muss man mit Regen rechnen. Überschreitet die relative Luftfeuchtigkeit 80 Prozent, verschließt sie ihre Blüten und weist damit auf eine zunehmende Nebelneigung beziehungsweise auf eine sich vergrößernde Niederschlagswahrscheinlichkeit hin. Begegnen wir dem Ackergauchheil jedoch mit geöffneten Blüten, setzt sich freundliches Wetter fort.

☙

Bringt Theoderich Wolken
und Regen, kommt dies dem Bauer
gar nicht gelegen.

Auch wenn diese Spruchweisheit nur indirekt eine Prognose enthält, lässt sie sich in die Kategorie »Siebenschläferregel« einordnen. Regen in größeren Mengen kann nämlich der Bauer in den Juli- und Augustwochen wegen der anstehenden Getreideernte überhaupt nicht gebrauchen. Theoderich von Reims, der als Patron gegen Fieber und Rheuma verehrt wird, starb im Jahre 533.

2. Juli

Überquert Maria das Gebirge bei Regen
und Wind, bleibt der Sommer ein
schwächliches Kind; doch trocknet der Weg
über Felsen und Stein, wird's sonnig und
warm bis Himmelfahrt (15.8.) sein.

Der Reim lässt sich ebenfalls als Siebenschläferregel verstehen. Er trifft in zwei von drei Fällen ins Schwarze. Mariä Heimsuchung gilt als einer der wichtigsten Lostage im Verlauf des bäuerlichen Jahres. Er soll an die Begegnung der beiden schwangeren und verwandten Frauen Maria und Elisabeth erinnern.

3. Juli

So selten wie ein Kopf ohne Nagel,
so selten ein Juli ohne Hagel.

OBEN: Hagelkörner auf einem Rasen. Treten sie in Weinbergen und Obstplantagen auf, kann ihr Schaden verheerend sein.

Der Spruch weist darauf hin, dass im Juli Hagel bescherende Gewitter besonders häufig sind und kaum ein Julimonat ohne die den Winzern, Obstbauern, Gärtnern und Landwirten viel Sorgen bereitenden Hagelgewitter vergeht.

4. Juli

Fällt Regen am Ulrichstag nach Sonnenglut, tun meist Maden den Birnen nicht gut.

Reichlich Einstrahlung und Wärme um den Gedenktag des Bischofs Ulrich von Augsburg fördern die Qualität der noch im Fruchtwachstum befindlichen Birnen, beschleunigen aber auch die Entwicklung der schädigenden Larven (Obstmaden). Länger anhaltender Regen kann die Schale der Birnen in Mitleidenschaft ziehen und damit »Eingangspforten« für Schadinsekten öffnen. Er schützt die Larvenpopulation aber auch vor einem möglichen Vertrocknen.
Ulrich, der von 890 bis 973 lebte, wird als Patron der Fischer, Weber und Winzer verehrt.

OBEN: Die Früchte der Hedelfinger Riesenkirsche benötigen im Reifeprozess viel Sonnenschein. Regen kann sie schädigen.

5. Juli

*Wenn ihr Kyprilla kommen seht,
oft dunkle Bewölkung am Himmel steht,
aus der eine Woche lang Regen fällt
heraus, für die Pflanzen ein Labsal,
für die Bauern ein Graus.*

Regen um und nach dem 5. Juli, an dem der Märtyrerin Kyprilla von Cyrene gedacht wird, kann der Grünlandbauer bei der Mahd von Futterpflanzen und bei der Trocknung des dabei anfallenden Schnittgutes nicht gebrauchen. Der Überlieferung nach starb Kyprilla im Jahre 304 in Libyen während der Christenverfolgungen unter Kaiser Diokletian.

6. Juli

Sorgt Dominica für Hitze über Wiesen und Weide, kommt rasch in die Scheune das frühe Getreide.

Viel Wärme fördert den Reifeprozess des Getreides. Aufgrund des dann vorherrschenden hohen atmosphärischen Verdunstungsvermögens nimmt die Kornfeuchte rasch ab. Während im Stadium der Gelbreife die Körner noch einen Wassergehalt von 25 bis 30 Prozent aufweisen, liegt dieser in der Voll-

reife bei 15 bis 25 Prozent und im Stadium der Totreife unter 15 Prozent. Bei einem Wassergehalt unter 15 Prozent sind optimale Erntebedingungen gegeben.
Dominica soll um 303 in Tropea in Kampanien (Italien) gestorben sein. Eine Legende berichtet, dass sie mehrere Götzenbilder zerstörte, worauf man sie wilden Tieren zum Fraß vorwarf. Nachdem diese ihr aber nichts antaten, ließ man Dominica enthaupten.

Starker Regen über Stunden schlägt der Kirschfrucht schwere Wunden.

Da sich Regenwasser im Sinne eines Konzentrationsausgleiches in Richtung des mit viel Zucker angereicherten »Kirschblutes« durch die nur wenige tausendstel Millimeter dicke Fruchthaut bewegt, füllt sich die Kirsche immer mehr mit Flüssigkeit, was mit einer Abnahme der Zuckerkonzentration und einer Zunahme des Innendruckes einhergeht. Wird dieser zu groß, platzt die Kirsche.

7. Juli

Schickt Ethelburga die Sonne auf ihre Bahn, läuft die Feldarbeit auch an Siebenbrüder (10.7.) nach Plan.

Lacht um den Festtag der heiligen Ethelburga die Sonne häufig und intensiv vom Firmament, wird, legt man die Erhaltungsneigung von Hochdrucklagen zugrunde, auch um Siebenbrüder der Schnitter – heute übernimmt dessen Tätigkeit der Mähdrescher – im Sonnenschein schwitzen.

Ethelburga, die in England das Licht der Welt erblickte (Geburtsjahr unbekannt) und deren Leben im Jahre 695 in Frankreich endete, gilt als Schutzpatronin bei Schwangerschaft und als Helferin gegen Rheumatismus.

8. Juli

Wehen um Kilian linde Winde, erwarte die Blüte der Winterlinde.

Warmer Sommerwind um Kilian, einhergehend mit viel Sonnenschein, erhöht das phänologische Entwicklungstempo in der Pflanzenwelt. So muss schon zu Kilian oder einige Tage danach mit dem Einsetzen der Blühphase der Winterlinde gerechnet werden. Der Bischof und Märtyrer Kilian von Würzburg, der um 689 starb, gilt als

OBEN: Winterlinde voll Nektar spendender Blüten. Der bis zu 40 Meter hohe Baum erreicht ein Alter bis zu 1000 Jahren.

Schutzpatron der Winzer, Tüncher und Weißbinder. Wasser aus Kiliansbrunnen soll Augenleiden heilen.

Einer Reb' und einer Geiß ist's im Juli nie zu heiß.

Neben ausreichend Sonne benötigen Weinreben viel Wärme, um süße Trauben hervorzubringen. Auch Ziegen stören überdurchschnittliche Temperaturen nicht, vorausgesetzt, sie sind zur Genüge mit Wasser versorgt und verfügen über schattige Rückzugsplätze. Mehr will die alte Bauernweisheit nicht zum Ausdruck bringen.

9. Juli

Sorgen abends für Kuckucksspeichel die Zikaden, so erfreuen uns die Grillen mit ihren Serenaden.

Unter Kuckucksspeichel sind die an Kuckuckslichtnelken und Wiesenschaumkraut zu beobachtenden Schaumnester von Zikaden zu verstehen, die diese aus dem der Pflanze

OBEN: Die Zeit der Getreidemahd mit der Sense ist lange vorbei. Moderne Landtechnik hilft heute den Bauern bei der Ernte der Winter- und Sommerhalmfrüchte.

entzogenen Saft produzieren. Mit Auftreten der Schaumanhäufungen, in denen die Zikadenlarven vor Feinden geschützt sind, beginnt die Zeit der abendlichen Grillenkonzerte. Grillen können als lebende Thermometer angesehen werden. Die Frequenz ihrer Zirplaute hängt von der Umgebungstemperatur ab.

10. Juli

Wenn die Sieben Brüder Regen kochen, regnet's vier bis sieben Wochen.

Wie sich das Wetter um Siebenbrüder gestaltet, so wird es in den nördlichen Binnenlandregionen in zwei von drei und im Süden in vier von fünf Jahren im Hochsommer sein. Während Niederschlagsarmut um Siebenbrüder in den sieben Folgewochen meist eine unterdurchschnittliche Zahl an Regentagen beschert, hat regnerische Witterung häufig eine überdurchschnittliche Anzahl an Tagen mit Niederschlag zur Folge. Hat sich im Laufe der ersten Julidekade die endgültige mittlere sommerliche Lage des Starkwindbandes in den höheren Atmosphärenschichten über Nordskandinavien eingependelt, bewegen sich die mit der starken Höhenströmung vom Atlantik nahenden Tiefs auf einer von Mitteleuropa weiter entfernten Zugbahn. Hiesige Gefilde geraten dann in den Einflussbereich hohen Luftdrucks (Azorenhoch). Weist jedoch das Starkwindband eine südlichere Lage auf, wandern die atlantischen Tiefs über die Nordsee, Dänemark und das Baltische Meer ostwärts. Ihre Fronten sorgen dann für wechselhafte, zu Niederschlägen neigende Witterung.

Die Sieben Brüder sollen im Jahre 166 in Rom vor den Augen ihrer Mutter Felicitas nacheinander zu Tode gemartert worden sein.

11. Juli

Wenn's um Olga wie aus Kannen gießt, um Margaret (20.7.) viel Unkraut im Garten sprießt.

Mitunter herrscht um Olga und vor ihrem Namensfest kühleres und regnerisches Wetter, was Unkräuter zur Keimung anregt. Diese sind dann am Ende der zweiten Julidekade so groß, dass sie zur Wasser- und Nährstoffkonkurrenz für das in der Ertragsbildung befindliche Gemüse werden.
Über Olga, die von 890 bis 970 lebte, existieren zwei Legenden. Der einen Legende zufolge war Olga die Tochter eines bulgarischen Fürsten, der anderen nach eine russische Bäuerin. Der russische Großfürst Igor von Kiew nahm sie zur Frau.

12. Juli

Wenn Sigisbert und Placidus sich mit Regen verbünden, sie schlechtes Wetter für Wochen verkünden.

Niederschläge um Sigisbert und Placidus sind mit großer Wahrscheinlichkeit die Folge atlantischer Tiefdruckgebiete, die schon vor und am Ende der ersten Julidekade dem Wettergeschehen ihren Stempel aufgedrückt haben. Sie lassen auch für den übrigen Sommer, aber zumindest bis weit in den August hinein häufiges »Nass von oben« erwarten.

Der Benediktinerabt Sigisbert und der Churrätier Placidus, beide lebten im 8. Jahrhundert, tauften gemeinsam viele Heiden. Einer Legende nach soll Placidus versucht haben, den Statthalter von Chur zu bekehren. Da dieser um seinen Einfluss fürchtete, ließ er Placidus töten.

Öffnet sich der Wetterstern,
ist Regenwetter nicht mehr fern.

Beim Wetterstern handelt es sich um einen den Erdsternen sehr ähnlichen, aber zur Familie der Röhrlinge zählenden Pilz. Er wächst zunächst als unterirdische Kugel heran, die von einer zweischichtigen Hülle umgeben wird. Sobald diese die Bodenoberfläche durchbricht, spaltet sie sich in eine innere und eine äußere Schicht auf. Bei Zufuhr feuchter Luft löst sich die äußere von der inneren Schicht und reißt sternförmig auf, wobei der eigentliche Sporenbehälter, der als dünnhäutige Kugel mit einer kleinen Öffnung in Erscheinung tritt, nach oben gehoben wird. Im Falle des Zustroms trockener Luft schließen sich die Zacken des Wettersterns um den Sporenbehälter.

OBEN: Roter Klatschmohn als Blickfang in noch grünem Getreide.

13. Juli

Wenn der Frauenmantel schwitzt,
bald Regen uns im Nacken sitzt.

Tröpfchen an den Blatträndern des Frauenmantels weisen auf eine Wetterverschlechterung hin. Überschüssiges Wasser, das aufgrund zunehmend feuchterer Luft nicht verdunsten kann, wird durch spezielle, sich an Blattzähnen beziehungsweise Blattspitzen befindende Öffnungen, sogenannte Hydathoden, abgesondert.

14. Juli

Kannst du in die blauen Augen der Wegwarte schau'n, darfst du auf anhaltend Schönwetter bau'n.

Die blauen Blütenköpfe der Wegwarte folgen dem Lauf der Sonne und schließen sich in Abhängigkeit von der Strahlungsintensität, aber auch von der geografischen Breite um die Mittagszeit oder am frühen Nachmittag. Auch wenn Regenwetter naht, verbergen die

Blütenköpfe ihre Schönheit oder öffnen sich morgens erst gar nicht.
Einer Sage nach entstand die Wegwarte wie folgt: Jesus ging einst hungrig, durstig und müde in Gestalt eines armen Mannes an einem hübschen Mädchen vorbei. Er bat die Maid um eine Erquickung. Statt eines labenden Tropfens bekam er Schelte und wurde mit der Begründung, sie müsse nach ihrem Liebsten Ausschau halten, von dannen geschickt. Jesus blickte schmerzvoll zum Himmel und zog weiter. Als der Bräutigam des schönen Mädchens kam, konnte er noch so viel schauen und suchen, er fand nur eine himmelblaue Blume, der er nie zuvor in seinem Leben begegnet war. Das stolze, in eine Pflanze verwandelte Mädchen wartet bis heute darauf, von ihrem Geliebten erkannt und von Jesus erlöst zu werden.

15. Juli

Wenn Bonaventura traurig dreinschaut,
dann stehen im Regen Getreide und Kraut.

Bonaventuras trauriger Blick kann als Synonym für schlechtes Wetter aufgefasst werden, das oft zur Folge hat, dass lagerndes Getreide von Schadpilzen heimgesucht oder auch von Unkraut durchwachsen wird. Mitunter beginnen die Körner in den Ähren aufgrund von Nässe zu keimen.
Bonaventura von Bagnoregio, der 1217 oder 1221 (nicht genau überliefert) das Licht der

OBEN: Gelbes, in der Abreife befindliches, sich im Sommerwind wiegendes Getreide auf einem Tieflandstandort. Die Wolken am Himmel sind harmloser Natur.

Welt erblickte und 1274 starb, wird als Schutzpatron der Seidenhersteller und Lastenträger verehrt.

16. Juli

Will Irmgard Blitz und Donner ansagen,
hell vom Turm die Glocken schlagen.

Sommerliche Hitze um den Namenstag der Äbtissin und Benediktinerin Irmgard, die im Jahre 866 starb und als Äbtissin mit Krone, Stab und flammendem Herzen dargestellt wird, ist immer für ein Gewitter gut. In der zuvor häufig sehr warmen Luft können sich Schallwellen rascher ausbreiten, sodass Autogeräusche, Eisenbahnlärm oder Glockentöne auch aus größerer Entfernung besser wahrgenommen werden können. Der Spruch ließe sich auch anders deuten, glaubte man doch im Mittelalter, dass Gewitter von Dämonen verursacht werden. Damals hieß es, dass lauter und heller Glockenklang diese und damit auch die Gewitter vertreiben würde.

OBEN: Den Schall des Glockenspiels vom Turm kann man aus umso größerer Entfernung hören, desto wärmer die Luft ist.

17. Juli

Regen an Alexe wird zur alten Hexe.

Früher war man der Ansicht, dass Regen um den Namenstag des heiligen Alexius von Edessa auch im weiteren Sommerverlauf immer wieder »Nass von oben« und daraus resultierend Verzögerungen bei der Ernte des Grummets und der Halmfrüchte sowie eine schlechte Mehlqualität nach sich zöge. Alexius, der im 5. Jahrhundert starb, wurde als Mann Gottes im Abendland verehrt. Um den Alexiustag, so glaubte man in alter Zeit, ließ Wetterhexen durch Mixturen aus ekelerregenden Zutaten mittels einer Zauberformel schwarze, Hagel bringende Wolken entstehen.

18. Juli

Duften die Linden hinten im Garten,
sind bald Regenwolken zu erwarten.

Bei schwüler Wärme sondern Lindenblüten viel Nektar ab. Einhergehend damit können auch Blattläuse verstärkt für Honigtau sorgen. Dadurch wirkt der Lindenduft besonders betörend auf unsere Sinne. Die Schwüle deutet aber auf einen Wetterumschwung hin, der meist von Schauern und Gewittern eingeleitet wird. Neben starkem Nektarfluss geben blühende Linden die Duftstoffe Farnesol, Geraniol und Eugenol ab, die bei zunehmender Luftfeuchte ebenfalls in die Nase steigen.

19. Juli

Färben Regenwolken den Himmel um Symmachus grau, auf dicke Rüben im Herbst vertrau.

Regen ist für das Wachstum von Zucker- und Futterrüben sowie Kartoffeln von außerordentlicher Wichtigkeit. So verhilft Niederschlag um den Festtag des Papstes Symmachus, der auf Sardinien das Licht der Welt erblickte (Geburtsjahr unbekannt) und 514 in Rom starb, den oft unter Bodenfeuchtemangel leidenden Hackfrüchten zu besseren Ertragsbildungsbedingungen.

20. Juli

Verlässt sein Bett um Margaret der Bach, fehlt's im Winter an Korn unterm Dach.

Ergiebige Niederschläge um Margarete von Antiochia mit Hochwasserführung der Bäche sorgen nicht nur für Ernteunterbrechungen, sondern auch für Lagererscheinungen, Durchwuchs, Zwiewuchs, Fäulnis- und Pilzbefall im Getreidebestand. Daraus resultieren Ernteerschwernisse und schlechte Erträge. Margarete, die als Schutzpatronin der Jungfrauen, Ehefrauen, Ammen und Gebärenden gilt, wurde während der Christenverfolgung um 305 nach schrecklichen Qualen enthauptet.

21. Juli

Macht Arbogast den Bach zum Fluss, bringt er dem Bauer viel Verdruss.

Ein verregneter Juli lässt mitunter das Wasser in den Oberläufen der Fließgewässer (Bächen) stark ansteigen und über die Ufer treten, sodass diese den Charakter von Mittelläufen der Fließgewässer (Flüssen) annehmen. Dabei können auch gewässernahe Wiesen und Weiden überflutet werden. Darüber hinaus führen ergiebige Niederschläge zu Unterbrechungen und erheblichen Störungen der Getreideernte.
Uralte Legenden lassen Arbogast, der wahrscheinlich im Jahre 618 in Straßburg starb, Streitigkeiten schlichten, Dämonen vertreiben und trockenen Fußes über einen Fluss schreiten.

Schießt der Schlammpeitzger wie ein Pfeil umher, drohen Gewitter und Sturmwind schwer.

Der Schlammpeitzger ist ein kleiner Fisch, der bei bevorstehenden Hitzegewittern unruhig durchs Wasser schießt. Häufig steigt der sowohl über Kiemen als auch über eine Darmatmung verfügende Fisch dabei an die Wasseroberfläche. Dieses Verhalten liegt im Sauerstoffmangel der meist durch organische

Stoffe stark belasteten Kleingewässer begründet. Dieser ist besonders groß, wenn sich das Wasser stark aufgeheizt hat. Reicht der mit den Kiemen aufgenommene Sauerstoff nicht aus, »schluckt« der Fisch an der Wasseroberfläche Luft.

22. Juli

Wenn Magdalena strömenden Regen beschert, der Heumond (Juli) uns noch mit viel Wasser beehrt.

Da sich der Magdalenentag durch eine auffällig hohe Niederschlagsneigung auszeichnet, befürchteten die Bauern, dass weiterer Regen den Fortgang der Getreideernte sowie die Mahd und Trocknung des Grummets beeinträchtigt. Ein Sprichwort lautet: »Magdalena weint um ihren Herrn, drum regnet's an ihrem Tage gern.« Früher wurden die dunklen Flecken auf der »Mondscheibe« als Magdalenas Tränen gedeutet. Magdalena wird als Schutzpatronin der Verführten und Büßerinnen verehrt und in der Kunst als vornehme Frau im langen Kleid oder als Einsiedlerin, deren langes Haar ihre Blöße verhüllt, dargestellt.

OBEN: **Die kleinen Haufenwolken künden vom Fortbestand freundlichen Wetters. Sie werden gegen Abend ganz verschwinden.**

23. Juli

Hundstage mit Regenhauben verderben dem Winzer die besten Trauben; doch kommen sie mit Sonnenhüten, werden sie süße Weinbeeren brüten.

In der vom 23. Juli bis 23. August währenden Hundstagsperiode werden die Weichen bezüglich der Qualität der Trauben zur Lese gestellt. So heißt es auch: »Mangelt's während der Hundstage an Sonnenschein, kommt saurer Wein ins Fässchen rein.« Drückt dagegen Frau Sonne der Hundstagswitterung ihren Stempel auf, wird der Zuckergehalt der Trauben groß sein, was eine gute Qualität des Heurigen erwarten lässt.

24. Juli

Weiden Schafe um Christophorus am blauen Himmelszelt, bedeckt Schnee um Antonius (17.1.) Wald, Flur und Feld.

Präsentiert sich der Himmel um Sankt Christophorus mit weißen Schäfchen, fällt, sofern diese aus Auflösungsformen mittelhoher Schichtwolkenfelder oder aus im Wachstum gebremsten Altocumuluswolken hervorgegangen sind, in sechs von zehn Fällen der

Januar und damit meist auch die Zeit um Antoni zu kalt aus.
Christophorus, der als durchs Wasser watender, bärtiger Riese mit Jesuskind auf den Schultern und Stab in den Händen dargestellt wird, erlitt um 250 in Lykien das Martyrium. Er gilt als Patron der Fuhrleute, Flößer, Lastenträger und Fährmänner sowie als Helfer bei Unwetter und Hagel.

25. Juli

*Gewitter um Jakob den Winzer empören,
weil oft sie die Trauben am Weinstock
zerstören.*

Die Zeit um den Jakobstag gilt als sehr gewitterreich. Hagelgewitter stellen eine große Gefahr für Winzer, Obstbauern und Landwirte dar, können doch Hagelkörner, die hierzulande einen Durchmesser von bis zu fünf Zentimetern erreichen, für einen Totalausfall der Ernte im Weinberg, in der Obstplantage oder auf dem Feld sorgen.
Jakobus wird als Wetterherr und als Patron Spaniens und Portugals sowie der Lastenträger, Seeleute, Wachszieher, Kettenschmiede, Apotheker und Wallfahrer verehrt. Er erlitt um das Jahr 44 den Märtyrertod.

26. Juli

*Wird aus dem Ameisenhügel
zu Sankt Anna ein Berg, dann wird der
Winter gewiss kein Zwerg.*

Förster und Waldarbeiter werden am besten wissen, ob diese an sich einleuchtende Regel stimmt. Mit Tausenden von Sinneszellen reagieren Ameisen auf geringfügige Änderungen ihrer Umwelt sehr sensibel. Möglicherweise entscheidet sich für das kleine Insekt um den Namenstag der heiligen Anna, Patronin der Weber, Bergleute, Drechsler, Müller, Schiffer und Krämer, in welche Richtung der Winter marschieren wird. Droht ein strenger Winter, benötigen die Ameisen einen gut vor Kälte schützenden Bau.

27. Juli

*Glüht um Natalia die Sonne
vom Himmel, spannt vor den Schlitten
Tatjana (12.1.) den Schimmel.*

Da eine inbrünstig vom Firmament lachende Sonne um Natalia von Cordoba meist für ein gutes Wärmeangebot sorgt, kann mit einer Wahrscheinlichkeit von 60 Prozent mit einem

OBEN: Waldameisen bauen ihre großen Hügel, indem sie Baumnadeln und Moos über einem morschen Baumstumpf anhäufen.

frostigen Januar gerechnet werden. Setzt man Tatjana mit dem Januar gleich und postuliert das Vorhandensein einer Schneedecke, so verwundert die Aussage dieser Bauernweisheit nicht. Natalia starb zusammen mit ihrem Mann Felix um das Jahr 852 den Märtyrertod durch die Sarazenen.

Bezaubern der Zaunwinde anmutige Blüten, kann der Hirte im Sonnenschein Schafe hüten.

OBEN: **Weiße Trichterblüten der Zaunwinde. Sie gilt als verlässlicher Wetterprophet. Das betrifft auch die Nachtstunden.**

Die Zaunwinde öffnet ihre weißen Trichterblüten nur bei trockenem Wetter. Sie können sowohl tagsüber als auch während der Nachtstunden geöffnet sein, erfolgt doch deren Bestäubung auch durch Nachtschmetterlinge. Vor dem Nahen von Frontensystemen schließen sich die anmutigen Blütenkelche und zeigen damit eine bevorstehende Wetterverschlechterung an.

28. Juli

Summen die Bienen um Nazarius über den Wiesen, darfst guten Wildblumenhonig du genießen.

Herrscht gutes Flugwetter für die Immen um Nazarius vor, führen deren ausgedehnte Flüge oft über die mit Wildblumen durchsetzten Wiesen. Dort suchen sie die Blüten von Hornklee, Erdnussplatterbse, Sumpfherzblatt, Johanniskraut, Buschnelke, Blutweiderich und vielen anderen Wiesenblumen auf. Nach dem Schleudern der Waben erhält der Imker einen echten Wildblumenhonig. Der Ertrag der Honigernte kann sehr hoch sein. Nazarius, der als Patron der Kinder verehrt wird, wirkte als Glaubensbote gemeinsam mit seinem Schüler Celsus in Italien, Gallien und Trier. Er starb 304 in Mailand.

Macht dich's Wetterleuchten in der Julinacht wach, befeuchtet Gewitterregen bald auch dein Dach.

Unter Wetterleuchten sind nächtliche, weit entfernte Gewitterblitze zu verstehen, deren

Donner aufgrund der Distanz des Beobachters zu diesem Naturschauspiel nicht mehr gehört werden kann. Stellt sich Wetterleuchten nach Einbruch der Dunkelheit ein, ist die Wahrscheinlichkeit recht groß, dass es im Verlauf der Nacht auch vor Ort zu einem Gewitter kommt.

29. Juli

Macht Beatrix auf den Sommer Lust, wird groß noch die Hitze im August.

Etabliert sich um das Namensfest der Märtyrerin Beatrix, die als Patronin von Fulda gilt und im Jahre 304 in Rom starb, ein stabiles, blockierendes Hochdruckgebiet über Osteuropa, strömt trockene und heiße Festlandsluft in hiesige Regionen ein, sodass sich die Hundstage in der ersten Augustdekade häufig durch herrliches Badewetter auszeichnen und Biergärten Hochkonjunktur haben.

30. Juli

Wenn die Mucke stechen tut, tut bald Gewitterfrische gut.

Treten Mücken besonders lästig in Erscheinung, weist dies auf eine bevorstehende Wetterverschlechterung hin. Schon Stunden vor einem Gewitter verbreitet sich mit aufkommender Luftbewegung unser wie ein Lockmittel wirkender Schweißgeruch. Zu den Lockstoffen, die besonders anziehend auf die kleinen Blutsauger wirken, gehören Milchsäure, Buttersäure und Aminosäuren.

31. Juli

Gerinnt die Kuhmilch am Nachmittag, Gewitter zum Abend kommen mag.

Die Regel hat einen realen Hintergrund. Schon unsere Altvorderen bemerkten, dass Milch schnell zu gerinnen begann, wenn ein Gewitter drohte. Sie wurde sehr schnell dick und ließ sich am Ende des Tages als Dickmilch zum Brot verspeisen. Da vor dem Nahen von Gewittern die Luft meist sehr feucht und sehr warm ist, bestehen günstige Bedingungen für die Vermehrung der in der Milch vorhandenen Milchsäurebakterien. Die optimale Vermehrungstemperatur der Bakterien liegt bei 37 Grad. Ob die sogenannten Spherics, darunter sind sehr langwellige, kurze elektromagnetische Impulse zu verstehen, an der Milchgerinnung beteiligt sind, lässt sich wissenschaftlich noch nicht beantworten.

OBEN: Tropfenspiel in einer Pfütze. Kräftige Regenschauer und starke Gewitter sind im Juli nichts Außergewöhnliches.

August, Erntemond, Sichelmond oder Ährenmonat

Bauernregeln im August

Die Aktivität der Bauern konzentriert sich im August auf die Getreideernte. Das meiste Obst und der Wein befinden sich noch im Fruchtwachstum oder in der Reifephase. Mit dem Ausgleich der Temperaturen von Land und Meer gerät der Sommer in ein ruhigeres Fahrwasser.

1. August

Um Kettenfeier viel Grillengesang
macht den Winter eisig und lang.

Ist es an Petri Kettenfeier, einem katholischen Fest zur Erinnerung an die Befreiung des Apostels Petrus aus dem Kerker in Jerusalem, und an einigen Tagen danach sehr warm, sodass die Grillen musizieren, hat das meist einen schneereichen, langen und harten Winter zur Folge.

2. August

Beschert Eusebius Dürre und Hitze,
treibt es der Januarfrost auf die Spitze.

Zährt eine kräftig vom Himmel strahlende Sonne in Verbindung mit der Zufuhr heißer Luft aus Nordafrika in der Zeit um und nach Eusebius die Bodenwasservorräte bis in Welkepunktnähe aus, sodass von Bodendürre gesprochen werden muss, deutet dies auf strenge Fröste im Januar hin. Eusebius von Vercelli erblickte um das Jahr 283 auf Sardinien das Licht der Welt und wurde im Jahre 371 gesteinigt.

Fängt der August mit Hitze an,
bleibt sehr lang die Schlittenbahn.

Zeichnen sich die ersten sieben Augusttage durch eine mittlere tägliche Höchsttemperatur von 25 Grad und mehr aus, beschert der darauffolgende Winter mit einer Wahrscheinlichkeit von 60 Prozent eine über der Norm gelegene Zahl von Schneedeckentagen. Ein heißer Beginn des Monats August nährt die Hoffnungen rodelhungriger Kinder auf prächtiges Winterwetter.

3. August

Treibt Lydia mit dem Feuer ihr Spiel,
hat strengen Winter sie zum Ziel.

Lastet um Lydia Bullenhitze auf Mensch, Tier und Pflanze, gereicht in zwei von drei Fällen der folgende Winter seinem Ruf zur Ehre. Lydia, die im 1. und 2. Jahrhundert lebte, stammte aus Thyatira in Kleinasien und war der Legende nach Purpurhändlerin in

OBEN: Glockenblumen in ihrer Farben- und Formenvielfalt stellen eine Zierde des Gartens in den Sommermonaten dar.

Philippi – von diesem Ort zeugen nur noch Ruinen bei Krinides in Griechenland. Lydia wird als Patronin der Färber und erste Christin in Europa verehrt.

4. August

Wenn der Himmel gezupfter Wolle gleicht,
das schöne Wetter dem Regen weicht.

Vermitteln feine Cirruswolken den Eindruck, als hingen Spazierstöcke am Firmament, gilt dies als ein untrügliches Zeichen für eine Wetterverschlechterung. Bei den als Spazierstock-, Häkchen- oder Büschel-Cirren bezeichneten Wolken, die wirklich den Anschein gezupfter Wolle erwecken, handelt es sich um eine prognostische Wolkenart. Das Nahen von Warmfrontniederschlägen lässt sich auch ohne Radar anhand dieser markanten Häkchenwolken vorhersagen. Sie entstehen, wenn sich die Warmluft mit niedriger Neigung auf die vorderseitige Kaltluft schiebt. Der Regen ist dann noch mehrere hundert Kilometer vom Beobachtungsort entfernt. Ausreichend Zeit also, um sich zu überlegen, ob die Radtour oder das Gartenfest unter freiem Himmel wirklich stattfinden soll.

OBEN: Nektar tankender Schmetterling auf blühendem Heidekraut. Die Schönheit der Falter erfreut den Naturliebhaber.

5. August

Lässt die Sonne den Bauer
um Mariä Schnee schwitzen, wird oft
er im Winter am Ofen sitzen.

Lacht Frau Sonne um das Fest Mariä Schnee so inbrünstig vom Himmel, dass der Schweiß in Strömen fließt, schneien im Winter Gehöft und Felder mit einer deutlich über dem Zufall liegenden Wahrscheinlichkeit ein. Die Festtagsbezeichnung Mariä Schnee lässt sich auf eine alte Legende zurückführen, der zufolge es mitten im August im 4. Jahrhundert in Rom geschneit haben soll.

Hat Oswald nach Sturm und Regen
Verlangen, muss der Landmann um seine
Halmfrüchte bangen.

Heftigen Regen oder gar Sturm kann der Landmann um Oswald gar nicht brauchen, denn noch auf dem Halm befindliches, erntereifes Getreide geht dann ins Lager. Der Mähdrusch liegenden Getreides geht in der Regel sowohl mit Quantitäts- als auch Qualitätsverlusten einher. Der heilige Oswald, der von 604 bis 642 lebte, wird als König oder als Krieger mit Taube, Rabe, Hirsch und Palme dargestellt.

6. August

Bringt Christi Verklärung
Hitze heran, das Christkind durch
tiefen Schnee stapfen kann.

Große Wärme um Christi Verklärung ist häufig auf eine Omegalage zurückzuführen, bei der sich über Mitteleuropa ein nordwärts bis nach Skandinavien gerichteter Höhenhochkeil aufwölbt, der östlich und westlich von sich wiederholt regenerierenden Höhentiefs flankiert wird. Im Sommer lenkt das zugehörige Bodenhoch oft heiße Luft nach Deutschland, während bei einer derartigen Omegalage im Winter an der Südflanke des korrespondierenden, sich vorzugsweise über Skandinavien etablierenden Bodenhochs mit östlichem Wind sehr kalte Luft herantransportiert wird. Eine Dominanz der Omegalage während der Hundstagsperiode hat offenbar eine Häufung derartiger Lagen im Winter zur Folge, die sich dann auch in einem weißen Weihnachtsfest äußern können.
Gregor der Erleuchter ersetzte zu Beginn des 4. Jahrhunderts das heidnische Fest Vartavarh, ein Rosenblütenfest zur Verehrung von Aphrodite, durch das heute als Christi Verklärung bekannte Fest.

7. August

Wenn Afra im Regen spaziert,
der Weizen an Qualität verliert.

Stellt sich um Afra von Augsburg wiederholt himmlisches Nass ein, verzögert sich die Weizenernte wegen zu hoher Korn- und Strohfeuchten. Bleibt der Weizen zu lange auf dem Halm, kann er sich bei Regen und Wind legen. Feuchtes Wetter begünstigt Fäule und Ausbreitung von Pilzkrankheiten sowie das Keimen der Körner in der Ähre. Afra, die in vornehmem Gewand mit Kopftuch oder Krone sowie mit Tannenzapfen und gefesselt an einen von Feuer umgebenen Baum dargestellt wird, gilt als Schutzpatronin der Büßerinnen, der reuigen Dirnen und der Heilkräuter. Im Jahre 304 erlitt Afra auf einer Lechinsel oder auf dem Lechfeld den Flammentod.

8. August

Sorgt Dominikus für Backofenglut,
sei vor dem Winter auf der Hut.

Der Reim warnt vor den Tücken des Winters. Da im Falle großer Hitze um das Namensfest des heiligen Dominikus verhältnismäßig oft ein an sibirischer Kälte und Schneefällen reicher Winter folgt, sollte das rechtzeitige Anlegen von Brennholz- und Torfvorräten nicht vernachlässigt werden.
Der von 1170 bis 1221 lebende Priester und Ordensgründer Dominikus wird als Schutzpatron von Córdoba und Palermo sowie der Schneider und Näherinnen verehrt.

9. August

*Sendet Hathumar heiße und sonnige Grüße,
frierst du im Winter oft an die Füße.*

Gereicht der August um Hathumar wettertechnisch den Sommern im Mittelmeerraum zur Ehre, so muss in Deutschland häufig mit ausgeprägten altweibersommerlichen Witterungsabschnitten im September und zur Freude der Skifahrer und Rodler mit einem kalten, nicht an Schneemangel leidenden Winter gerechnet werden.
Der aus sächsischem Adel stammende Hathumar genoss in Würzburg seine Erziehung und wurde von Karl dem Großen 806/807 als erster Bischof von Paderborn eingesetzt. Er starb wahrscheinlich im Jahre 815 und liegt im Dom von Paderborn begraben.

Reckt die Ackerwinde ihre Blüten zum Sonnenlicht, mit schönem Wetter der Himmel nicht bricht; doch geh'n morgens die Blüten erst gar nicht auf, nimmt trübes Regenwetter seinen Lauf.

Auch die Ackerwinde lässt sich als Wetterprophet nutzen. Herrscht bereits freundliches Wetter vor oder bahnt sich solches an, öffnen sich die mit rosafarbenen Streifen versehenen

OBEN: Almwiese mit blühendem Wiesenknöterich, im Volksmund »Zahnbürste« genannt, vor Berghütten und schroffem Felsmassiv unter hohen Schleierwolken.

oder gänzlich roten Trichterblüten der Pflanze morgens zwischen sieben und acht Uhr. Doch bereits am selben Tag gegen 13 bis 14 Uhr sterben die am Morgen erst neugeborenen Trichterblüten wieder ab. Schließen sich die Blüten schon vorher, ist die Gefahr einer Wetterverschlechterung groß.

10. August

Kann man nachts um Laurentius viele Sternschnuppen seh'n, wird ein schöner und sonniger Herbst vor uns steh'n.

Kommt die Sonnenscheindauer um Laurentius den astronomischen Werten sehr nahe, fällt der Herbst mit einer Wahrscheinlichkeit von 80 Prozent zu trocken aus. Gibt also der Nachthimmel den Blick auf die als Laurentiustränen bezeichneten Sternschnuppen aus dem Meteorenstrom der Perseiden frei, steht ein freundlicher Herbst mit wenig Regen ins Haus. Laurentius gilt als Schutzpatron der Bierbrauer, Kuchenbäcker, Büglerinnen und Glasbläser sowie als Helfer bei Verbrennungen und Fieber.

11. August

Wenn um Klara Wind und Sonne die Wolken vertreiben, wird der Sommer im Herbst noch ein Weilchen bleiben.

Ein schöner Herbst ist vor allem einem nachhaltigen Altweibersommer, der fließend in einen goldenen Oktober übergeht, und hin und wieder auch dem sogenannten Martinssommer zu verdanken. Bedient sich das »himmlische Wetterbüro« am Namenstag der heiligen Klara von Assisi eines Wolkenbesens, darf sich Mitteleuropa über teils sommerliche Züge des meteorologischen Herbstes freuen.
Klara gilt als Patronin der Wäscherinnen, Stickerinnen, Vergolder, Blinden, Glaser und Glasmaler. Sie lebte von 1194 bis 1253 und wird als Klarisse mit heller Stirnbinde, Lilie, Buch und Kreuz dargestellt.

Wenn das Springkraut beginnt, seine Samen zu streuen, wird Frau Sonne gewiss uns morgen erfreuen.

Die Kapselfrüchte der als Rührmichnichtan bekannten Pflanze reifen nur bei Sonnenschein und Zufuhr trockener Luft richtig aus. Bei Berührung der reifen Früchte schleudern diese ihre Samen oft mehrere Meter weit von sich. Da Hochdruckwetterlagen eine größere Erhaltungsneigung besitzen, kann man bei verstärkter Samenstreuung davon ausgehen, dass das freundliche Wetter auch tags darauf anhält.

12. August

Wenn die Sonne scheint sehr bleich, ist bald die Luft an Regen reich.

In 85 Prozent der Fälle dürfte sich diese Wetterregel bewahrheiten. Mittelhohe Schichtbewölkung (Altostratus) wird nur matt oder bleich von der Sonne durchschienen. Wenn der Altostratus das Himmelsbild zu prägen beginnt, hat die sich nähernde Warmfront eines Tiefdruckgebietes etwa die Hälfte der zum Zeitpunkt der Wahrnehmung der Spazierstock-Cirren bestehenden ursprünglichen Entfernung zum Beobachter zurückgelegt.

13. August

Wie das Wetter zu Kassian,
hält es noch viele Tage an.

Dieser Lostagsregel liegt die Erhaltungsneigung der Atmosphäre zugrunde. Unterdurchschnittliche Tagessummen der Sonnenscheindauer um Kassian, die auf das Vorhandensein vieler Wolken hindeuten, haben auch für die kommenden 14 Tage in sechs von zehn Fällen eine unternormale »Sonnenscheinausbeute« zur Folge. Zeichnen sich die Tage um Kassian aber durch ein übernormales Sonnenscheinangebot aus, dann lässt sich Frau Sonne in den zwei kommenden Wochen in sieben bis acht von zehn Fällen überdurchschnittlich lang am Firmament blicken.

Kassian, der als Patron der Lehrer und Erzieher von sich reden machte, soll im Jahr 304 in Imola von seinen Schülern in der Zeit Diokletians mit Griffeln zu Tode gemartert worden sein.

OBEN: **Schöne Blüten in Pastelltönen beschert uns der August.**

☙

Wenn Schäfchen am Himmel stehen,
kann man ohne Schirm spazieren gehen.

Unter den Schäfchen sind weiße Wölkchen der Gattung Altocumulus zu verstehen, die sich besonders eindrucksvoll zeigen, wenn sie über den gesamten Himmel in gleichem Höhenniveau ausgebreitet sind und durch die trennenden Lücken das Himmelsblau sichtbar wird. Sie entstehen bei zunehmendem Hochdruckeinfluss. Man muss den Schäfchenwolken zugestehen, dass sie vom Beginn oder Fortbestand einer Schönwetterperiode künden.

14. August

Wenn Flammen aus Moorboden und
Sumpfwasser schlagen, wird Frau Sonne
sich weiter ans Himmelszelt wagen.

Bei warmen und windschwachen sommerlichen Hochdrucklagen lassen sich in den Nachtstunden mitunter Flämmchen in

Mooren und Sümpfen, sogenannte Irrlichter, Irrwische oder Erlkönigsfeuer, beobachten. Diese sind auf Faulgase zurückzuführen, die bei der Zersetzung kohlenwasserstoffhaltiger Substanzen entstehen. Dabei bilden sich Methan, Schwefelwasserstoff und Phosphorwasserstoff. Letzterer beginnt, sobald er mit dem Sauerstoff der Luft in Berührung kommt, mit blauer Flamme zu brennen. Die Hitzeentwicklung führt dann zur Entzündung der beiden anderen Faulgasbestandteile. Stärkerer Wind wie bei der Passage von Frontensystemen würde die ohnehin nicht langlebigen Flämmchen schnell ausblasen. Legt man die größere Erhaltungsneigung des Hochdruckwetters zugrunde, so hat auch diese Regel Hand und Fuß.

15. August

Ziehen dunkle Wolken an Mariä Himmelfahrt übers Land, so regnet's zwei Wochen am laufenden Band; doch wenn Sonnenschein die Welt erhellt, bis Raimund (31.8.) kaum Regen fällt.

Fällt die Sonnenscheindauer um Mariä Himmelfahrt unterdurchschnittlich aus, wie bei regnerischer Witterung der Fall, bleibt sie auch bis Ende des Monats mit einer Wahrscheinlichkeit von 60 Prozent unter der Norm. Ist es dagegen um Himmelfahrt sehr sonnig und auch relativ warm, wird sich mit einer Wahrscheinlichkeit von 75 Prozent die

OBEN: Sumpflandschaft in der Dämmerung. Es wirkt gespenstisch, aber auch romantisch, wenn bei Windstille kleine Flämmchen auf dem Wasser lodern.

zweite Monatshälfte sonnenscheinreich gestalten, was sich auf die Erhaltungsneigung der großräumigen Zirkulation in der Höhe zurückführen lässt.

16. August

Macht Sankt Rochus das Wetter trübe,
kommt wenig Zucker in die Rübe.

Bei wenig Sonnenschein um den Namenstag des heiligen Rochus, der als Patron der Apotheker und Ärzte sowie als Helfer bei Seuchen gilt, wird bei der Assimilation in die Rübenkörper weniger Zucker eingelagert. Rochus, der Pestkranke heilte und selbst an der Pest erkrankte, soll in einer Waldhütte von einem Engel gesund gepflegt worden sein. In der Kunst wird Rochus, der von 1295 bis 1327 lebte, als Pilger mit einem Hund dargestellt.

Lockt nachts die Lichtnelke viele Falter an,
zieht tags darauf Schlechtwetter heran.

Zu den Pflanzen, die in Zusammenarbeit mit Insekten als Wetterprophet in Erscheinung treten können, gehört unter anderem die Weiße Lichtnelke. Man kann das von Juni bis in den September hinein blühende Nelken-

OBEN: Goldgelb in der Sonne leuchtende Getreidestoppeln. Im Hintergrund liegen dicke Strohwalzen. Der Himmel weist auf Fortbestand des guten Wetters hin.

gewächs, das auch unter dem Namen Weiße Nachtnelke oder Weißes Leimkraut bekannt ist, an Feldrändern, auf Wiesen und Waldlichtungen sowie auf Schuttplätzen antreffen. Die Weiße Lichtnelke gilt als typischer Nachtblüher und öffnet ihre Blüten, die von Nachtfaltern bestäubt werden, in der Regel erst am Abend. Als Lockmittel scheidet die Pflanze süßen Nektar ab. Als Wegweiser für die Insekten dient in der Nacht die weiße Farbe der Blüten. Reichlich Nektar scheidet die Lichtnelke aber nur bei nahendem Regen aus. Tummeln sich viele Nachtschmetterlinge auf ihren Blüten, ist das ein untrügliches Zeichen für eine Wetterverschlechterung innerhalb der nächsten 10 bis 12 Stunden. Ist der Besuch der Falter aber nur von kurzer Dauer, weil die Pflanze keinen oder nur wenig Nektar den Insekten zur Verfügung stellt, ist das ein Zeichen für aufkommendes freundliches Wetter oder dessen Fortbestand.

17. August

In der Frühe Tau macht den Himmel blau; doch wenn am Morgen kein Tau gelegen, warte bis Abend auf sicheren Regen.

Bei verstärkter nächtlicher Wärmeabstrahlung und »einschlafendem« Wind, was im Kernbereich von Hochdruckgebieten oft zu beobachten ist, kühlt die Luft in Bodennähe stark aus, sodass sich bei Erreichen beziehungsweise Unterschreitung des Taupunktes kleine Tautröpfchen im Gras und an anderen Pflanzen absetzen. Bei stärkerer Durchmischung der bodennahen Luftschicht, wie das bei Annäherung eines Tiefs der Fall ist, bildet sich kein oder nur ein geringes Luftdruckgefälle aus. Die Taubildung bleibt aus. Regen lässt dann meist nicht lange auf sich warten.

18. August

Zeichnet abends der Mond durch einen Ring sich aus, geh am Morgen ohne Regenschirm nicht aus dem Haus.

Ein Ring um den Mond weist auf Aufgleitbewölkung im oberen Wolkenstockwerk hin, die bei langsamer Hebung von Warmluft entsteht. Dabei handelt es sich um Schleierwolken aus Eiskristallen (Cirrostratus). Der Ring entsteht bei der Zerlegung des weißen Lichts in seine Spektralfarben. Da nach dem Cirrostratus erst der Altostratus (mittelhohe Schleierwolke) das Himmelsbild prägt, bevor der Nimbostratus als typische Landregenwolke erscheint, vergehen noch etwa zwölf bis 18 Stunden, bis der Himmel seine Schleusen öffnet.

19. August

Wind vom Sinken der Sonn' ist mit Regen verbündet, Wind vom Steigen der Sonn' uns gut Wetter verkündet.

Weht der Wind aus westlicher Richtung, werden feuchte und wolkenreiche Meeresluftmassen, die Regen bringen, vom Atlantik herangeführt, tritt er aber aus östlicher Richtung in Erscheinung, gelangt trockene und wolkenarme Luft, die viel Sonnenschein beschert, nach Mitteleuropa. Im Sommer kann die letztgenannte Konstellation mit großer Hitze verbunden sein.

20. August

Öffnet Bernhard der Sonne das Wolkentor,
steht ein warmer und trockener Herbst
bevor; der schüttet Zucker in das Rebenblut,
tut aber auch Rüben und Äpfeln gut.

Wenn das Augustwetter bislang weder Bauern noch Urlauber in Jubelstürme der Begeisterung versetzen konnte, schafft der Namenstag des heiligen Bernhard oft eine Wende hin zu sonnigem Wetter. Dieses drückt dann auch dem Herbst seinen Stempel auf. Winzer, Bauern und Gärtner freuen sich darüber.

OBEN: Die hochgiftige Heilpflanze Roter Fingerhut kann man an Waldrändern, auf Lichtungen und in Gärten antreffen.

Bernhard von Clairvaux, der von 1090 bis 1153 lebte, wird als Patron der Imker, Wachszieher und Bienen sowie als Helfer gegen Besessenheit, Tierseuchen und Unwetter verehrt.

21. August

Der Nordwind ist ein rauer Vetter,
doch er bringt beständig Wetter.

Polarluft strömt meist auf der Rückseite einer atlantischen Zyklone nach Passage von deren Kaltfront mit Wind aus nordwestlicher bis nördlicher Richtung ein. Da der Luftdruck nach Frontdurchgang anzusteigen pflegt und sich ein Zwischenhoch oder Hoch aufbaut, das sich meist ostwärts nach Fennoskandien verlagert, dreht der Wind, der zunächst noch gegen den Uhrzeigersinn um das Tief wehte, auf Nordost und Ost. Die nun im Uhrzeigersinn um das Hoch transportierte Luft ist kontinental geprägt. Das wiederum bedeutet trockenes und wolkenarmes Wetter.

22. August

Um Mariä Königin verliert die
Sonne schon an Kraft, sie seltener
noch große Hitze schafft.

Die um Mariä Königin – im Kalender als Gedenktag zur Marienverehrung und Marienanbetung ausgewiesen – einen zunehmend niedrigeren Tagbogen beschreibende Sonne vermag in der Regel die Luft nicht mehr so aufzuheizen wie noch vor Monatsfrist. Ihre Strahlen müssen einen längeren Weg durch die Erdatmosphäre nehmen und treffen mit geringerer Neigung auf die Erdoberfläche. Der Umsatz in Wärmeenergie wird geringer.

23. August

Abendrot – Schönwetterbot',
Morgenrot – Schlechtwetter droht.

Noch unverfänglicher wäre dieser Bauernspruch, ginge er von einem goldgelben Sonnenuntergang begleitet von Ostwind aus. Die goldgelbe Himmelsfärbung weist nämlich auf einen geringen Feuchtegehalt der Luft hin. In diesem Fall würde das freundliche Wetter auch am kommenden Tag mit großer Wahrscheinlichkeit andauern. Aber auch ein wolkenfreier roter Abendhimmel gilt als Hoffnungsträger für schönes Wetter, sofern ein goldener Sonnenaufgang oder weißes Morgenlicht den neuen Tag einläutet. Im Gegensatz zum Abendrot ist ein feuriges Morgenrot eine aus wettertechnischer Sicht weitgehend eindeutige Angelegenheit und weist auf Schauer und Gewitter im Tagesverlauf hin.

24. August

Geht Barthel in die Kirche
bei Sommerwind, verlässt er sie als
Herbstes Kind.

Mit Bartholomäus beginnt der »bäuerliche« Herbst. Die Getreideernte sollte an diesem Tag beendet sein. Man sagt, dass am Namenstag von Bartholomäus, Patron der Bauern, Hirten, Schuster, Weingärtner und Metzger, das Wetter sehr schnell von Sommer auf Herbst umschlagen kann.

25. August

Wenn des Storchschnabels Frucht sich wie der Uhrzeiger dreht, in der Nacht schlechtes Wetter vor uns steht; doch dreht sich die Frucht entgegengesetzt, kein Wölkchen den sternklaren Himmel verletzt.

Der Storchschnabel ist eine Pflanze, die sich sehr gut als »natürliches Hygrometer« nutzen

OBEN: Traumhafter Untergang der Sonne. Ihr Schein spiegelt sich an der Oberfläche eines von Wäldern umsäumten Sees.

lässt. So drehen sich die Grannen an den Spitzen der hygroskopischen und länglichen Teilfrüchte bei Luftfeuchtigkeitszunahme im Uhrzeigersinn, bei abnehmender Luftfeuchte in entgegengesetzter Richtung. Das prädestiniert den Storchschnabel zu einem guten Wetterpropheten. Der Bauernregel kann man vertrauen.

26. August

Wenn Ahorn- und Espenblätter ein Geschmeide tragen, kannst du tags drauf dich nur mit dem Schirm hinauswagen.

OBEN: Der Storchschnabel, von dem viele Arten existieren, zählt zu den Wetterpropheten, denen man vertrauen kann.

Sind Ahorn und Espe bei zunehmender Luftfeuchtigkeit nicht mehr in der Lage, in ausreichendem Maße Wasser zu verdunsten, scheiden sie das von den Wurzeln aufgenommene Wasser nach zumindest teilweisem Nährstoffentzug in Tropfenform an den Blatträndern ab. Da sich dieser Vorgang tagsüber nur bei Zufuhr von Luft mit hohem Wasserdampfgehalt vollzieht, die bei nahenden Niederschlägen einströmt, trifft die Regel den Nagel auf den Kopf.

27. August

Sind des Blauen Lattichs Blüten verschlossen, hoff auf Schönwetter unverdrossen; doch öffnen sich des Lattichs Blüten, musst du dich vor Nässe hüten.

»Pflanzliche Hygrometer« verhalten sich mitunter anders, als man es eigentlich erwartet. Schließen viele Gewächse ihre Blüten, so gibt es auch Pflanzen, die genau umgekehrt reagieren. Dazu zählt der Blaue Lattich. Er reduziert tagsüber die Wasserabgabe an die Atmosphäre durch Verkleinerung der verdunstungswirksamen Oberfläche, indem er seine Blütenköpfe schließt. Nähert sich aber zunehmend feuchte Luft mit niederschlagsträchtigen Wolken, breitet er die Blüten förmlich aus, findet doch bei solchem Wetter kaum Verdunstung statt.

28. August

Schürt Augustinus der Sonne Glut, dann hat auch Matthäus (21.9.) noch Feuer im Blut.

Um das Namensfest des heiligen Augustinus, der von 354 bis 430 lebte und als Schutzpatron der Theologen, Bierbrauer und Buchdrucker verehrt wird, prägt in fast 80 Prozent der Jahre hoher Luftdruck das Wettergeschehen. Morgendunst verrät dabei, dass wir uns im Spätsommer befinden. Sonnige Spätsommerwitterung geht oft fließend in den für den September typischen Altweibersommer über.

29. August

Wenn Sabina viel Sonne im Herzen trägt,
Schönwetter den ganzen Herbstmond (September) prägt.

Hochdruckwetterlagen um Sabina von Rom mit reichlich Sonnenschein ziehen meist einen überwiegend freundlichen und trockenen September nach sich. Sabina, deren Leben im Jahre 120 oder 126 endete, war der Legende nach eine vornehme, durch ihre Sklavin Seraphina zum Christentum bekehrte Römerin. Nach der Festnahme von Seraphina und deren Märtyrertod wurde auch sie verhaftet und enthauptet. Sie wird als Patronin von Rom, der Hausfrauen und Kinder sowie Helferin gegen Regen und Blutfluss verehrt.

Suchen die Ameisen unruhig und planlos ihren Bau, stiehlt baldiger Regen der Sonne die Schau.

Ameisen besitzen einen Kompass, der sich am Polarisationsmuster des Himmels orientiert. Das von der Sonne abgestrahlte Licht wird auf dem Weg durch die Erdatmosphäre polarisiert, sofern nicht starke Wolkenfelder den Himmel bedecken. Sich stark verdichtende Bewölkung zieht eine völlige Depolarisierung der Strahlen nach sich. Der Kompass der Ameise funktioniert dann nicht mehr. Ein Zeichen dafür, dass Regenwetter bevorsteht.

30. August

Wenn's Federbett im August zu heiß, trägt Honig die Bien' aus der Heide mit Fleiß.

Während warmer oder heißer Augusttage begeben sich die Immen auf ihre letzten größeren Nektarsammelflüge im Jahresverlauf. Ihr Weg führt in die Heide, wo das Heidekraut blüht und damit der Tisch für ein ausgiebiges »Heidefrühstück« gedeckt ist.

31. August

Dunstschwaden an Sankt Raimunds Morgen verkünden dem Winzer einen Herbst ohne Sorgen.

Herrscht Hochdruckeinfluss mit morgendlichen Dunstschwaden um den Namenstag des heiligen Raimundus, sind meist die Weichen auf einen freundlichen Herbst gestellt. Für den Winzer heißt das wenig Regen, süße Trauben und sonniges Wetter während der Lese.

Raimundus Nonnatus, der unter dem Namen »der Ungeborene« bekannt wurde – der Legende nach schnitt man ihn aus dem Leib seiner verstorbenen Mutter –, lebte von 1202 bis 1240 und wird als Patron der Schwangeren, Ammen und Kinder verehrt.

September, Herbstmond, Holzmond, Obstmond oder Wildmond

Bauernregeln im September

Der September ist die Zeit des Altweibersommers, für den eine Reihe sehr schöner Bezeichnungen wie »Birgittensommer« in Schweden, »Wenzelsommer« in Böhmen, »Witwensömmerli« in der Schweiz und »Theresiensommer« in Frankreich existieren. Doch die herbstliche Abkühlung setzt ein. Viele Zugvögel rüsten sich für ihre lange Reise gen Süden.

1. September

Wie Ägidius und Verena walten, wird sich die Witterung des Septembers gestalten.

Geht das Namensfest von Ägidius und Verena trocken ins Land, kann in vier von fünf Jahren ein niederschlagsarmer September erwartet werden. Berücksichtigt man, dass sich in der Regel nach Monatsmitte mit einer hohen Wahrscheinlichkeit der Altweibersommer einstellt, erklärt sich die Niederschlagsarmut des Septembers nach trockenem Monatsbeginn. Stellt sich um Ägidius und Verena Regenwetter ein, fällt leider auch der ganze September mit einer über 60 Prozent liegenden Wahrscheinlichkeit ins Wasser. Ägidius, der von 640 bis 720 lebte, wird als Schutzpatron der stillenden Mütter, der Jäger, Hirten und Bogenschützen sowie als Helfer bei Trockenheit, Sturm und Feuer verehrt. Einer alten Überlieferung zufolge soll Ägidius in einer Höhle gelebt und sich dort von der Milch einer Hirschkuh ernährt haben, die vor dem Zugriff der Jäger durch eine unsichtbare Kraft geschützt wurde. Verena starb um das Jahr 350. Sie machte sich als Missionarin und Einsiedlerin, aber auch als Patronin der Armen, der Müller und Fischer einen Namen.

2. September

Entfernen sich die Bienen nicht weit von der Beute, erwarten Schlechtwetter Land und Leute.

Bienen sind im wahrsten Sinne des Wortes Sonnenkinder. Sie bleiben bei nahendem Regen oder einem bevorstehenden größeren Temperaturrückgang lieber in der warmen Stube. Zudem verschließen eine Reihe von Pflanzen bei einer sich abzeichnenden Wetterverschlechterung ihre Blüten. Die Bienen starten dann bestenfalls zu kurzen Erkundungsflügen in die nähere Umgebung des Stockes.

3. September

Lockt Gregor im Walde viele Pilze hervor, bläst Januarwind viel Schnee vors Tor.

Wärmeres Wetter um Gregor lässt die Waldpilze aus dem Boden schießen. Geben sich kühlere Perioden und wärmere Witterungsabschnitte, letztere regen das Pilzwachstum

OBEN: **Die Blütenkörbchen der Ringelblume, die auch pharmazeutisch Anwendung findet, leuchten wie kleine Sonnen.**

an, die Klinke in die Hand, ist also der September nicht durchgängig zu warm, sollte ein kalter Januar mit Flockenwirbel ins Kalkül gezogen werden. Gregor der Große, der um 540 geboren wurde und im Jahre 604 starb, wird als Schutzpatron der Gelehrten, Studenten, Schüler, Maurer sowie Musiker verehrt.

Nebel, der sich steigend hält,
bringt Regen, doch klar Wetter,
wenn er fällt.

Wenn die Sonne morgens und vormittags an Kraft gewinnt, verwandelt sie vorhandenen Nebel in Wasserdampf. Das heißt, dass die den Nebel bildenden Tröpfchen verdunsten. Bleibt der Wasserdampf in Bodennähe, sind die Weichen auf freundliches Wetter im Tagesverlauf gestellt. Wird der Wasserdampf mit den Resten des Nebels durch turbulente Luft nach oben gerissen, werden Fetzen und Schwaden sichtbar, die Richtung Himmel ziehen. Ein untrügliches Zeichen dafür, dass sich das Wetter verschlechtern wird. Erfolgt der Vertikaltransport der Luft bis in eine Höhe, bei der die Taupunkttemperatur erreicht beziehungsweise unterschritten wird, setzt Wolkenbildung ein. Ist die thermische Konvektion so kräftig, werden die Wolken immer größer und verursachen Schauer.

OBEN: Auf einen großen Fang hoffend, genießen Opa und Enkel beim Angeln den Zauber des Fischwassers und die Natur.

4. September

Geht der Fisch nicht an die Angel,
ist an Regen bald kein Mangel.

Will ein Fisch den höheren Druck, der noch vor Annäherung eines Tiefs auf seinem Körper lastete, wiederherstellen, kann er das nur durch Änderung seiner Tauchtiefe. Zieht sich der Fisch nicht in tiefere Schichten des Gewässers zurück, nimmt das Volumen seiner Schwimmblase bei Luftdruckabfall zu. Da diese dann auf die Eingeweide drückt, bekommt der Fisch »Bauchschmerzen« und frisst nichts mehr. Der Innendruck der Schwimmblase lässt sich aber nur durch länger währende Gasdiffusion regulieren.

5. September

Hält sich um Bertin der Regen
versteckt, wird er bis Michaeli (29.9.)
nur selten geweckt.

Trockene Witterung um den Gedenktag des Glaubensboten Bertin hat meist auch ein niederschlagsarmes Monatsende zur Folge, auch wenn sich zwischenzeitlich eine Phase unbeständiger Witterung einstellt, die aber meist nur von kürzerer Dauer ist. Der Bauernreim fußt auf dem durchschnittlichen Druckverhalten im September. Bertin erblickte um 615 bei Coutances das Licht der Welt und starb um 709 in der Nähe von Calais.

☙

Ziehen die Wolken dem Wind entgegen, gibt's am anderen Tage Regen.

In der Grundschicht der Atmosphäre ist der Wind unter Stärkezunahme mit der Höhe immer einer Rechtsdrehung unterworfen. Da die Luftbewegung in der freien Atmosphäre, also oberhalb der Grundschicht, reibungslos erfolgt und nicht mehr von der Rauigkeit der Erdoberfläche beeinflusst wird, können sich die Windrichtung und damit auch die Zugrichtung der Wolken mit zunehmender Höhe von der Windrichtung in bodennahen Schichten unterscheiden. Mitunter ziehen die vom Höhenwind beeinflussten Wolken dem Bodenwind entgegen. Lässt sich dies beobachten, nähert sich eine Warmfront mit Dauerregen oder eine Kaltfront mit Schauern.

6. September

Verlässt der Frosch seinen Teich, wird das Wetter regenreich.

Wasserfrösche, zu denen der Teichfrosch, der Kleine Wasserfrosch und der Seefrosch zählen, verlassen nur ungern ihr Gewässer, wenn das Wetter trocken ist. Naht jedoch Regen, wagen sie sich an Land, ohne Verluste ihrer Körperflüssigkeit durch Verdunstung fürchten zu müssen.

7. September

Süßt Regina Obst und Wein, wird Sonnenschein weiter bis Michael (29.9.) sein; doch steht sie mit dunklen Wolken im Bunde, ist bald von saurem Most die Kunde.

Trägt Regina durch sonniges Wetter zur Verbesserung der Qualität von Obst und Wein bei, ist die Wahrscheinlichkeit, dass über weite Strecken des Monats auch weiterhin freundliches, den Reifeprozess förderndes Wetter vorherrscht, verhältnismäßig groß. Präsentiert sich Regina jedoch verregnet, stehen die Chancen für die Ernte schmackhaften Obstes und Weines nicht so gut.

OBEN: Um Körperwasserverluste durch Verdunstung zu vermeiden, gehen Wasserfrösche nur bei Regenwetter auf Landgang.

8. September

An Mariä Geburt kann man erleben, wie die Schwalben sich sammeln in Schwärmen, bevor um Ludmilla (16.9.) gen Süden sie streben, mit leisem Gruß und ohne Lärmen.

Tatsächlich beginnen sich die Rauchschwalben um Mariä Geburt, ein von Papst Sergius I. um 700 eingeführtes Fest, zu sammeln. Als durchschnittlicher Abflugtermin für Deutschland gilt der 15. September. Die Mehlschwalben haben sich meist schon aus dem Staub gemacht. Kein Wunder, kann doch der erste Schneefall in den Niederungen hierzulande 65 bis 75 Tage später kommen.

OBEN: Die Schwalben schnüren ihren Reisegurt und sammeln sich vor ihrem langen Flug gen Süden auf Überlandleitungen.

9. September

Schaut Gorgonius freundlich aus, gehst im Oktober du gern aus dem Haus.

Sonniges und trockenes Wetter um Gorgonius hat in den meisten Fällen einen insgesamt goldenen Oktober im Schlepptau. Das hängt mit dem mittleren Verhalten des Luftdruckes zusammen, der gegen Monatsende ansteigt und oft im Oktober sein hohes Niveau beibehält.
Gorgonius gilt als einer der populärsten Märtyrer der katholischen Kirche. Es kann als gesichert angesehen werden, dass er während der Christenverfolgung unter Diokletian im Jahre 304 oder 305 den Märtyrertod erlitt.

Wenn die Möwen zum Land hinfliegen, werden wir Sturmwetter kriegen.

Bevor Sturm- und Orkantiefs ein ruhiges und beschauliches Küstenszenario durch einen furiosen Kampf der Naturgewalten ersetzen, sieht man oft Scharen von Möwen auf Sandbänken oder Buhnen erschöpft rasten. Ihnen fällt bei sinkendem Luftdruck und damit dünnerer Luft sowie fehlenden Aufwinden über dem Meer das Fliegen schwerer. Um der bevorstehenden Auseinandersetzung der Elemente zu entgehen, suchen sie das Festland auf, wo geringere Windgeschwindigkeiten infolge der größeren Rauigkeit der Landfläche zu erwarten sind.

10. September

Wenn die Schafe auf der Weide ihre Köpfe aneinanderschmiegen, werden in Kürze Gewitter oder Regen wir kriegen.

Schafe müssen sich bei verschlechterndem Wetter oft lästiger Mücken und Bremsen erwehren. Nicht ihre wuschelige Behaarung ist das Ziel der Angriffe der Stechinsekten, sondern die kurzhaarige Kopfpartie. Durch das Anschmiegen der Köpfe wird den Insekten viel Angriffsfläche genommen. Darüber hinaus verjagen die Abwehrbewegungen eines Tieres auch die Plagegeister auf den anderen Köpfen.

11. September

Wenn die Spinnen fleißig weben im Freien,
lässt schönes Wetter sich prophezeien,
weben sie nicht, wird's Wetter sich wenden,
geschieht's bei Regen, wird er bald enden.

Nimmt die hygrophile Seide, welche die Spinne über ihre Spinndrüsen produziert, sehr schnell Feuchtigkeit auf, unterbricht das Tier sofort den geplanten Netzbau. Bleibt die Spinnenseide aber trocken, setzt die Spinne ihren Netzbau fort. Ein weiteres Sprichwort besagt: »Wenn die Spinne ihr Netz zerreißt, kommt schlechtes Wetter allermeist.« Ob nun die Spinne bei Wetterverschlechterung ihr Gespinst zerstört oder der zunehmende Wind ihr zuvorkommt, sei dahingestellt.

OBEN: Die als Wetterpropheten bekannten Schafe wissen sich geschickt gegen Angriffe von Stechinsekten zu wehren.

12. September

Hörst du an Mariä Namen noch das Konzert der Grillen, kann der Herbstmond seinen Hunger auf Sonne kaum stillen.

Mitunter kann man um Mariä Namen noch dem Konzert der Grillen lauschen. Die Frequenz der Zirptöne, die bis zu 50 Meter weit hörbar sind, hängt dabei vom Wärmeangebot ab. Je mehr Frau Sonne den Boden erwärmt, desto intensiver musizieren die Grillen. Das Fest zu Mariä Namen soll an den Tag erinnern, an dem die osmanische Eroberung im Namen der Gottesmutter Maria im Jahre 1683 gestoppt wurde.

13. September

Fehlt an Notburga das Wasser im Bach, macht Sonnenschein die Rapssaaten schwach.

Geringe Wasserführung in Bächen und Flüssen um Notburga weist auf ein größeres Niederschlagsdefizit hin. Der teils schon Mitte August gedrillte Winterraps bekommt dann Probleme bei Keimung, Auflauf und Jugendentwicklung. Sonnenschein verstärkt dessen Trockenstress noch. Notburga, die um das Jahr 1265 das Licht der Welt erblickte und 1313 starb, gilt als eine der meistverehrten Volksheiligen Tirols.

14. September

Wenn an Kreuzerhöhung Spinnenfäden
durch die Lüfte schweben,
wird der Winter einen Eisblumenteppich
vor unsere Fenster weben.

Schweben um Kreuzerhöhung Spinnweben durch die Luft, überwiegt Sonnenschein.

OBEN: So gefällt sich der Hahn. Als Symbol des Morgens kräht er von erhöhter Stellung aus und begrüßt den neuen Tag.

Sonniges Wetter um die Monatsmitte zieht in sechs von zehn Fällen einen Winter mit einer überdurchschnittlichen Zahl an Frosttagen im Januar und Februar nach sich. Die Nächte sind dann oft so kalt, dass Eisblumen an Glasscheiben wachsen.
Das Fest der Kreuzerhöhung soll an das Auffinden des Kreuzes Christi am 13. September 326 und dessen feierliche Präsentation in der Grabeskirche von Jerusalem am Folgetag erinnern.

15. September

Lindert Sonnenschein Mariens
Sieben Schmerzen, erfreut der Herbst
des Bauern Herzen.

Altweibersommerliche Witterung um das Sieben-Schmerzen-Fest hält sich oft bis in den Weinmond hinein, der dann in einen goldenen Oktober mündet. Das Sieben-Schmerzen-Fest wird am Folgetag von Kreuzerhöhung begangen. Dadurch wird der Zusammenhang der Leiden Marias mit dem Tod ihres Sohnes hervorgehoben.

☙

Wenn der Gockel auf dem Mist spaziert,
der Himmel weiteren Regen gebiert;
doch verlässt gelangweilt der Hahn
seinen Mist, auch morgen bei Sonnenschein
dort er nicht frisst.

Das ist keine Scherzregel! Bei Schauer- und Regenwetter halten sich die Futtertierchen des Gockels in der feuchten Oberschicht des Misthaufens auf. Bahnt sich Hochdruckwetter an, dreht der Wind über Nord auf östliche Richtung. Die von dort herangeführte Luft weist nur einen geringen Wasserdampfgehalt auf, woraus ein größerer »Verdunstungshunger« der Atmosphäre resultiert. Da die Oberschicht bei Sonnenschein und Ostwind austrocknet, ziehen sich die Kleinlebewesen in tiefere Schichten des Misthaufens zurück, sodass der Hahn sie nicht erreichen kann. Er verliert das Interesse am Misthaufen und sucht gelangweilt eine andere Verweilstätte auf. Aufgrund der Erhaltungsneigung schöneren Wetters lässt sich beim Verschwinden des Hahnes vom Mist eine oft stimmende Schönwetterprognose ableiten.

16. September

Um Ludmilla kannst du hören, wie die Hirsche lauthals röhren.

Um Ludmilla von Böhmen vermischt sich das weithin hörbare Röhren der in der Brunft befindlichen Hirsche mit dem Muhen der Rinder auf den Wiesen. Auch das Wetter nimmt Einfluss auf das Brunftgeschrei der Geweihträger. Dieses fällt umso lebhafter und lauter aus, je trockenkälter sich das Wetter gestaltet.
Der Überlieferung nach erzog die Herzogin Ludmilla, die um 860 als Tochter des slawischen Fürsten Slavibor zur Welt kam, ihren Enkel Wenzeslaus, der als Nationalheiliger Böhmens bekannt wurde, im christlichen Glauben. Wenzeslaus' Mutter Drahomira ließ vor Eifersucht auf die immer enger werdende Beziehung ihres Sohnes zur Herzogin diese im Jahre 921 ermorden.

17. September

Pflückt Hildegard Kräuter im Sonnenschein, reifen köstliche Trauben von spätem Wein.

Der Namenstag der Äbtissin Hildegard von Bingen, die von 1098 bis 1179 lebte, fällt in die Zeit des Altweibersommers. Späte Rebsorten profitieren von der Wärme und dem Sonnenschein um Hildegard, deren Vorstellungen von Naturheilkunde und Ernährung wieder große Beachtung finden.

18. September

Wenn der Kuckuck gen Süden fliegt, hat der Herbst den Sommer besiegt.

Normalerweise macht sich der Kuckuck schon im August auf die Reise nach Afrika in sein Winterquartier. In Jahren mit langen, heißen Sommern kann er auch noch, was allerdings eine Ausnahme darstellt, bis September bleiben. Mit seinem Abflug ist der Herbst dann auf dem Vormarsch oder gar schon angekommen.

19. September

Schmückt Igor mit vielen Pilzen den Fichtenwald, nähert sich ein Winter von rauer Gestalt.

Rotkappen, Maronen, Pfifferlinge und Steinpilze in großer Zahl, so betont der Volksmund immer wieder, sind ein Anzeichen für einen Winter, der seinen Namen auch verdient hat. Die Aussage steht allerdings auf tönernen Füßen. Vielleicht mag sie auf den

Monat Oktober zutreffen. Mitunter setzt um Igor nach Septembertagen mit unbeständiger Witterung die Wärme des Altweibersommers ein und bedingt eine Pilzflut. Der Großfürst und Märtyrer Igor von Kiew wurde im Jahr 1100 geboren und starb 1147. Bei einem Aufstand zum Abdanken gezwungen, zog sich Igor in ein Kloster zurück. Dort soll er von einer aufgebrachten und wütenden Volksmenge während des Gebetes ermordet worden sein.

Ist der September lind,
wird der Winter ein Kind.

Diese kurze Bauernregel für den September erweist sich in 75 Prozent der Fälle als Volltreffer. So folgt einem überdurchschnittlich warmen September in sieben von zehn Fällen ein zu milder Februar und in sechs von zehn Fällen ein milder Dezember und Januar. In einem linden September hält sich das Temperaturniveau von Festland und Meer die Waage, was nur geringe Luftdruckgegensätze zur Folge hat. Druckunterschiede, die stärkeren Wind als Ausgleichsströmung nach sich ziehen, fehlen somit.

20. September

Ist Sankt Eustachius an Sonnenschein reich, tut's ihm ein strahlender Gilbhart (Oktober) gleich.

Wie sich das Wetter um Eustachius gestaltet, zeigt es sich häufig noch vier Wochen

OBEN: Der Fluss, über dem noch Frühnebelschwaden wabern, schlängelt sich durch Wiesen und Weiden des Tieflandes.

lang. So geht der Altweibersommer oft fließend in einen goldenen Oktober über. Um Eustachius, der als Patron der Jäger, Förster, Krämer und Tuchhändler gilt, ranken sich viele Legenden. Nachdem der Heilige während einer Jagd einem Hirsch begegnete, der zwischen seinem Geweih ein glänzendes Kruzifix trug, sollen er und seine Familie sich bekehrt haben. Eustachius starb wahrscheinlich um das Jahr 118 den Märtyrertod.

21. September

Wenn Matthäus weint statt lacht,
Essig aus dem Wein er macht.

Kühles Regenwetter um das Namensfest des Apostels, Evangelisten und Märtyrers Matthäus, der als Patron der Buchhalter, Finanzbeamten und Zöllner sowie als Helfer gegen Trunksucht verehrt wird, verhindert eine nachhaltige Erhöhung des Mostgewichtes des Traubenblutes. Einem Matthäustag mit Regen zwischen 0,1 und 10 Millimetern folgen mit einer Wahrscheinlichkeit von 60 bis 70 Prozent vier nasse Wochen. Erreicht die Niederschlagshöhe jedoch über zehn Millimeter, fallen die nächsten vier Wochen fast immer ins Wasser.
Matthäus wurde um das Jahr 42 in Äthiopien gesteinigt, verbrannt oder mit dem Schwert getötet. In einem Land böser Zauberer soll er menschenfressende Drachen besiegt, den Sohn des Königs Egippus zum Leben erweckt und dessen Tochter Ephigenia vom Aussatz geheilt haben. Früher spielten Heiratsorakel in der Nacht vor Matthäus bei jungen Frauen eine große Rolle.

22. September

Baut Mauritius der Sonne ein Haus,
sieht's nach Altweibersommer aus.

Bringt sonnenscheinreiches Wetter um den Namenstag des heiligen Mauritius uns zum Schwitzen, dann sorgt die hohe Erhaltungsneigung der Altweibersommerwitterung in vier von fünf Fällen dafür, dass auch die vier Folgewochen zu warm ausfallen.
Mauritius wird als Patron der Waffenschmiede, Tuchweber, Färber, Glasmaler sowie der Weinstöcke verehrt und starb wahrscheinlich 302 bei Agaunum, heute Sankt Moritz in der Schweiz.

23. September

Wenn Thekla am Morgen
Tautränen weint, der Altweibersommer
sich mit Oktobergold vereint.

Zeichnen sich die Tage um Thekla in den Morgenstunden durch nasses Wiesengras aus, ohne dass es geregnet hat, ist die Wahrscheinlichkeit eines weit in den Oktober hineinreichenden Altweibersommers groß.
Obwohl ihr Leben im 1. Jahrhundert auf natürliche Weise endete, wird Thekla als Erzmärtyrerin verehrt. Immerhin wurde sie zweimal zum Märtyrertod verurteilt. So entging sie dem Tod auf dem Scheiterhaufen, weil starker Regen und Hagel die Flammen löschten. Auch als sie verurteilt wurde, sich wilden Tieren zum Kampf zu stellen, überlebte sie auf wundersame Weise. Nach einer »Selbsttaufe« (Sprung in ein Wasserbecken) rührten sie die Tiere nicht an.

24. September

Durch des Septembers heiteren Blick schaut noch einmal der Mai zurück.

Im September strebt die Natur zur Reife, im Mai erblüht sie. Was der Mai für den Frühling, ist der September für den Herbst. Beide Übergangsmonate zeichnen sich durch ähnliche Temperaturverhältnisse und durch Bewölkungsarmut aus und sind an Schönheit reich.

25. September

Wenn Schlehbusch und Eichen reichlich Früchte tragen, sie dir einen strengen Winter ansagen.

Die Natur hat es so eingerichtet, dass vor einem sehr bis extrem strengen Winter Gehölze reiche Früchte tragen, da ihre Existenz bedroht ist.

26. September

Spenden uns Kosmas und Damian der Sonne Lachen, wird die Nacht Nebel in Auen und Tälern machen.

Scheint um den Gedenktag der Zwillingsbrüder Kosmas und Damian die Sonne, ohne von Wolken gestört zu werden, ist meist Hochdruckeinfluss wetterbestimmend. Insbesondere herbstliche Hochdrucklagen zeichnen sich nachts in Auengebieten und Tälern durch die Entstehung von Nebelfeldern aus. Kosmas und Damian, die als Patrone der Chirurgen, Ärzte, Apotheker, Drogisten und Zuckerbäcker gelten, sollen als Ärzte in Syrien tätig gewesen sein, wo sie arme Menschen unentgeltlich behandelten. Beide wurden um 303 oder 305 verhaftet, gefoltert und enthauptet.

27. September

Zieht der Rauch nicht aus dem Schlot, bald an Wasser keine Not.

Betrachtet man den Schornstein als Motor einer Feuerstelle, der durch die Erzeugung eines Unterdruckes für den Abzug von Rauchgasen sorgt, trifft die Regel voll ins Schwarze. Witterungsbedingter Überdruck im Rauchabzugsrohr durch eine kalte Luftsäule regenträchtiger, kühler Witterung lässt den Rauch nicht aus dem Haus. Bei Hochdruckwetter und damit von der Sonne durchwärmtem Schornstein tritt dieses Problem nicht auf.

28. September

Macht warm die Sonne um Wenzeslaus, bleiben goldene Oktobertage nicht aus.

Bestimmen Hochdruckgebiete das Wettergeschehen zum Ende des Monats September, sorgt deren Erhaltungsneigung sehr häufig bis weit in den Oktober hinein für ruhiges und freundliches, allerdings auch zu Nebel- und Hochnebelbildung neigendes Wetter. Wenzeslaus, der als Fürst von Prag und Böhmen verehrt wird, starb 929 oder 935.

Hängen Septembernebel über den Bergen, macht Schnee dort im Winter die Fichten zu Zwergen.

Häufiges Auftreten von Septembernebel ist oft an Hochdruckwetterlagen gebunden. Bei Erhalt der Dominanz wetterbestimmender Antizyklonen während der Winterwochen stellen sich niedrige Temperaturen ein. So gelten bei Vorhandensein hohen Luftdruckes über Fennoskandien die weiten, tief verschneiten Landflächen als Kaltluftentstehungsgebiete. Fließt überschüssige Kaltluft Richtung Mitteleuropa, muss im Grenzbereich zwischen ihr und wärmerer Luft mit reichlich Schnee gerechnet werden.

29. September

Bleiben die Flügel von Gabriel, Michael und Raphael trocken, bleiben im Weinmond (Oktober) auch so Schuh' und Socken.

Ist es um das Namensfest der Erzengel Gabriel, Michael und Raphael zu warm, wird mit einer Wahrscheinlichkeit von rund 65 Prozent auch der Oktober überdurchschnittlich temperiert sein. Zeigt sich der gesamte September nicht nur zu warm, sondern auch sehr sonnig, beschert der Oktober sogar in neun von zehn Fällen mehr Wärme, als normalerweise zu erwarten ist. Dabei stellt sich in Norddeutschland allerdings oft starke Bewölkung ein, während über dem Süden, insbesondere dem Alpenraum, Frau Sonne ihr Zepter schwingt.

30. September

Lässt Hieronymus im Altweibersommer viel Pilze aus dem Waldboden schießen, kannst du einen sonnenwarmen Oktober und am Kamin einen kalten Winter genießen.

Warme Witterung um Hieronymus fördert, vorausgesetzt, der Waldboden ist nicht zu trocken, das Pilzwachstum. Geht der Altweibersommer fließend in einen goldenen Oktober über, beschert der sonnige Anstrich des Weinmondes, einhergehend mit einem überdurchschnittlichen Temperaturniveau, Väterchen Frost während des Winters ein Heimspiel.

Eine Legende berichtet über Hieronymus, der um 347 das Licht der Welt erblickte und um 419/420 starb, dass er einem Löwen half, einen schmerzenden Dorn aus der Pranke zu ziehen. Vor Dankbarkeit soll dieser Löwe zahm geworden sein und Hieronymus bis zu dessen Lebensende treu begleitet haben.

OBEN: Der Herbst beschert Ende September schon kühlere Tage. Besonders im Bergland muss dann schon geheizt werden.

Oktober, Gilbhart, Weinmond, Dachsmond oder Reifmond

Bauernregeln im Oktober

Der Oktober, der als Schlüssel für den Winter gilt, versetzt die Natur in einen warmen goldgelben Farbenrausch. Der Monat des fallenden bunten Laubes, der Zuckerrübenernte, des letzten Obstes und der Weinlese beschert häufig noch ruhige und anhaltende Schönwetterlagen.

1. Oktober

Tropft warmer Regen zu Remigius in den Tann', ziehen Rotkappe und Marone Pilzsammler in den Bann.

Feuchtwarme Witterung um das Namensfest von Remigius lässt Speisepilze wie Rotkappen und Maronen aus dem Waldboden schießen. Pilzsporen keimen unter optimalen Temperatur- und Feuchtigkeitsbedingungen bereits nach einigen Tagen. Dann zieht es die Pilzsammler in den Wald.
Remigius erblickte um 436 bei Laon in Frankreich das Licht der Welt und starb um 533 in Reims. Er soll schon im Alter von 22 Jahren Bischof gewesen sein.

2. Oktober

Sind im Oktober viele Marienkäfer zu schau'n, solltest auf Frost du im Hochwinter bau'n.

Ist im Oktober die Flugintensität des Marienkäfers noch oder wieder hoch, hängt das einerseits mit dem Blattlausaufkommen, andererseits mit einem überdurchschnittlichen Temperaturniveau sowie einem guten Sonnenscheinangebot zusammen. Bei warmer Herbstwitterung pflegen die Blattlausweibchen zu schlüpfen. Die neugeborenen Weibchen sind dabei flügellos. Um seine 200 bis 300 Eier im Kronenbereich von Bäumen ablegen zu können, muss das Weibchen den Baumstamm hinaufkriechen. Dort wartet aber auch der Marienkäfer, um Beute zu machen. Da ein marienkäferfreundlicher Oktober sich durch ein überdurchschnittliches Wärmeangebot und wenig Niederschlag auszeichnet, ist die Wahrscheinlichkeit, dass ein zu kalter Januar folgt und damit die angeführte Bauernregel ins Schwarze trifft, verhältnismäßig groß.

3. Oktober

Färben die Brüder Ewald des Apfels Wangen rot, oft bittere Kälte im Januar droht.

Lässt reichlich Sonnenschein um den Namenstag der Brüder Ewald späte Apfelsorten gut ausreifen und geht Klärchen aus der Auseinandersetzung mit den Wolken meist als Siegerin hervor, muss mit harten Frösten in den Januarnächten gerechnet werden.
Die als Patrone von Westfalen verehrten Brüder Ewald, die man aufgrund ihrer Haarfarbe auch als »schwarzer und weißer Ewald« bezeichnet, wurden in Sachsen um das Jahr 695 während einer Predigt ermordet.

OBEN: Viele Marienkäfer an wärmeren, sonnigen und trockenen Oktobertagen können auf einen kalten Januar hindeuten.

4. Oktober

Wenn Franz uns nach Nebel mit Sonne beglückt, der Januar mit Reif und Schnee sich schmückt.

Um den Festtag des heiligen Franz von Assisi, der um 1181/82 zur Welt kam und dessen Leben im Jahre 1226 endete, erwächst aus dem Altweibersommer der goldene Oktober, der sich am Morgen und frühen Vormittag häufig durch Nebel auszeichnet, bevor sich die Oktobersonne so richtig ins Zeug legt. Das trockene, sonnenscheinreiche und warme Oktoberwetter zieht oft einen unterdurchschnittlich temperierten Januar nach sich. Nach einem Streit mit seinem Vater soll sich Franz vor großer Menschenmenge seiner vornehmen Kleider entledigt haben, nackt von dannen gerannt und als Bettler durch die Lande gezogen sein.

5. Oktober

Nordlicht um Attila am Himmelszelt, verheißt beißenden Frost der Welt.

Die ein kaltes Leuchten in der Hochatmosphäre verkörpernden Polarlichter im Verlauf des Monats Oktober, für den hier Attila herhalten muss, bescheren dem Volksmund zufolge einen strengen Winter. Nicht umsonst heißt es: »Oktobernordlicht, glaube mir, verkündet harten Winter dir.« Wahrscheinlich ist diese Aussage auf die Sichtbarkeit der Polarlichter, die in engem Zusammenhang mit der Sonnenaktivität stehen, zurückzuführen.
Herrscht Wolkenarmut im Oktober vor, zieht das gewöhnlich einen kalten Januar und Februar nach sich. Attila von Zamora wurde in Tarragona geboren (Geburtsjahr unbekannt) und starb nach 916 in Zamora.

Wenn die Mücken noch im Weinmond (Oktober) beißen, soll dies einen strengen Winter verheißen.

Stechende Mücken im Oktober weisen in der Regel auf ein überdurchschnittliches Wärmeangebot hin, das unter der Bedingung, dass es im Monatsverlauf verhältnismäßig trocken bleibt, oft eisige Januar- und Februarwochen zur Folge hat.

6. Oktober

Schaut Bruno freundlich drein, wird golden der Oktober bis Ursula (21.10.) sein.

Freundliche Witterung um Bruno zeichnet sich häufig durch eine hohe Erhaltungsneigung aus und kann bis Monatsende andauern. Allerdings pflegen sich um den Namenstag der heiligen Ursula die ersten Luftfröste einzustellen.
Bruno der Kartäuser, der von 1030 oder 1040 bis 1101 lebte, wird in der Kunst in weißem Kartäuserhabit, mit Fuß auf der Erdkugel und Finger an den Lippen, was auf das Schweigegebot hinweist, dargestellt.

Fällt Schnee schon in den Oktobertagen, wird der Winter sich kaum bis ins Tiefland wagen

Verirrt sich der Winter schon im Oktober mit Schnee, Frost und Eis zu früh in hiesige Gefilde, können in den Niederungen laut Statistik im Dezember, Januar und Februar – von wenigen Ausnahmen abgesehen – meist Ski und Rodelschlitten im Keller verbleiben.

7. Oktober

Wenn Justina dem Altweibersommer die Steigbügel hält, im Winter viel Schnee vom Himmel fällt.

Typische Altweibersommerwitterung mit Spinnweben und Spinnfäden um das Namensfest der Märtyrerin Justina, die um das Jahr 302 in Padua den Tod fand, weist, sofern sie in einen goldenen Oktober mündet, auf einen eisigen Hochwinter mit reichlich Schnee hin. Justina soll als christliche Jungfrau zum Tode verurteilt worden und, noch bevor der Henker in Aktion treten konnte, von einem Soldaten mit dem Schwert durchbohrt worden sein.

8. Oktober

Streichelt Sonne Pelagias Gesicht, leuchtet Schnee zur Christmess' im Kerzenlicht.

Hochdruckeinfluss um Pelagia, der oft eine für die Jahreszeit relativ starke Sonneneinstrahlung bewirkt, deutet zwar auf einen eisigen Winter hin, ob aber auch am Heiligabend oder in der Christnacht Schnee liegt, muss in Anbetracht des Weihnachtstauwetters bezweifelt werden. Offensichtlich war diese Witterungssingularität vor Hunderten von Jahren nicht bekannt, da es sie damals noch nicht gegeben hat.
Pelagia, was so viel bedeutet wie »Frau des Meeres«, wurde in Antiochien, dem heutigen Antakya in der Türkei, geboren und starb im Jahre 280 auf dem Ölberg bei Jerusalem. Sie gilt als eine der »großen Büßerinnen« und war Schauspielerin und Tänzerin. Aufgrund ihrer Schönheit und ihrer künstlerischen Fähigkeiten wurde sie von vielen Männern umworben.

Wenn golden und warm der Gilbhart (Oktober) sich zeigt, der Hartung (Januar) zu grimmiger Kälte neigt.

Fällt der Oktober in Mitteleuropa um mindestens eineinhalb Kelvin zu warm und gleichzeitig westlich der Oder trockener als normal aus, ist mit der hohen Wahrscheinlichkeit von

OBEN: Mit ihren roten Wangen locken die Äpfel Naschkatzen an. Bei der Apfelernte ist der richtige Zeitpunkt wichtig.

mehr als 85 Prozent ein zu kalter Januar zu erwarten. Ein warmer und trockener Oktober setzt das Überwiegen hohen Luftdruckes voraus. Hochdruckwetterlagen werden von den Strömungsverhältnissen der Luft in fünf bis zehn Kilometer Höhe gesteuert. Diese weisen offensichtlich einen Rhythmus auf, der eine ähnliche Strömungskonfiguration im Januar zur Folge hat. Hochdruckwetterlagen im Winter gehen aber gewöhnlich mit Kälte einher. Liegt dazu noch reichlich Schnee, treten normalerweise strenge bis sehr oder auch extrem strenge Fröste auf.

OBEN: Für die kalte Jahreszeit ist vorgesorgt. Vor dem Haus ist genügend Brennholz für Herd und Kamin gestapelt.

9. Oktober

Singt der Oktober ein Sommerlied, ab Thomas (21.12.) Eis den See überzieht.

Präsentiert sich der Oktober in einem sommerlichen Gewand, kann der Winter um den Namenstag des ungläubigen Thomas schon einmal seine Muskeln spielen lassen. Allerdings droht Väterchen Frost kurz darauf durch das Weihnachtstauwetter ein Dämpfer.

10. Oktober

Wenn im Oktober die Sonne mild lacht und noch der Wespen Summen entfacht, musst du nach Luzia (13.12.) den Ofen gut heizen, denn mit Reif, Schnee und Eis wird der Winter nicht geizen.

Normalerweise pflegen die Wespen um Mitte Oktober abzusterben. Bei reichlicher Einstrahlung, die einem goldenen Oktober zur Ehre gereicht, und überdurchschnittlichem Wärmeangebot kann sich ihre Population jedoch länger halten. Oft stellt sich dann nach Luzia ein deftiger Winter ein.

11. Oktober

Flüstert der Weinmond (Oktober) mit milden Winden, musst du viel Brennholz auf den Wagen binden; das frisst dir ein grimmiger Nordost im Hartung (Januar) und Hornung (Februar) vom Ofenrost.

Drückt ein überdurchschnittliches Wärmeangebot dem Oktober seinen Stempel auf, folgt unabhängig vom Niederschlagsverhalten in sechs von zehn Fällen ein eisiger Januar, der oft auch einen kalten Februar im Geleit hat. Bei häufiger Oktoberwärme tut man gut daran, reichlich Brennholz für Ofen und Herd zu sammeln und nicht nur nach Pilzen Ausschau zu halten.

12. Oktober

Scheint die Oktobersonne in voller Pracht, rechne mit Bodenfrost in der Nacht.

Auch wenn die Oktobersonne tagsüber mit herbstlicher Wärme brilliert, was oft bei Hochdruckeinfluss der Fall ist, erfolgt nachts bei sternenklarem Himmel und fehlender Luftbewegung eine verstärkte Wärmeabstrahlung vom Boden ins Weltall. Da die bodennahe Luft sich dabei am kräftigsten abkühlt, entsteht bis zum Morgen ein beträchtliches Temperaturgefälle, das zwischen 200 und fünf Zentimetern Höhe über Grund zehn Kelvin und mehr betragen kann. Werden in Kopfhöhe beispielsweise noch fünf Grad gemessen, kann die Temperatur am Boden durchaus unter dem Gefrierpunkt liegen.

13. Oktober

Huscht im Weinmond (Oktober) die Haselmaus viel unter Bäumen, werden Schnee und Eis mit dem Kommen säumen.

Durch die Fähigkeit der Bäume, Niederschlagswasser im sich verfärbenden Blattwerk, das wie ein Schirm wirkt, zurückzuhalten, sind die Haselmäuse vor dem himmlischen Nass geschützt. Nach Sonnenuntergang beginnen sie auf den trockenen Bodenpassagen ihre Nahrung zu suchen. Käfer und andere Insekten, die ihnen als Futter dienen, ziehen sich dann ebenfalls vom Nassen ins Trockene zurück. Erweist sich der Oktober nun regenreich und bewegt sich das Oktobermittel der Lufttemperatur um wenigstens eineinhalb Grad unter dem langjährigen Durchschnittswert, dann wird der folgende Januar in sechs bis sieben und der Februar in sieben bis acht von zehn Fällen zu mild ausfallen.

14. Oktober

Süßt viel Sonne um Burkhard die späten Trauben, wird der Eismond (Januar) viel Torf und Brennholz rauben.

Der Winzer freut sich, wenn das Mostgewicht des Traubenblutes dank reichlichen und wärmenden Sonnenscheins um Burkhard noch um einige Grad Oechsle steigt. Warme und einstrahlungsreiche Oktoberwitterung erhöht die Chance, im Januar bei Temperaturen unter minus acht Grad Eiswein lesen zu können.
Burkhard erblickte um das Jahr 700 in England das Licht der Welt. Der angelsächsische Benediktinermönch und Bischof von Würzburg zog sich der Überlieferung nach 751 in eine Tropfsteinhöhle im Maintal zurück und soll entweder 753 oder 754 in Hohenburg im Odenwald gestorben sein. Burkhard gilt als Helfer gegen Steinleiden, Rheumatismus und Gliederkrankheiten.

15. Oktober

Wenn Theresa und Aurelia freundliches Wetter bringen, wird die Weinlese den Winzern gut gelingen.

Um den Namenstag von Theresa und Aurelia wünscht sich der Winzer für eine ungestörte Lese trockenes, zu Sonnenschein statt Regen neigendes Wetter. Die Jungfrau und Märtyrerin Aurelia von Straßburg starb um das Jahr 304 oder 451 und soll der Legende nach eine Gefährtin der Ursula von Köln gewesen sein, während Teresa von Ávila von 1515 bis 1582 lebte und als Patronin Spaniens und Helferin gegen Kopf- und Herzleiden verehrt wird.

OBEN: Späte Sonnentage bringen zusätzliche Süße in den Wein. Auch für die Lese wünscht sich der Winzer sonniges Wetter.

16. Oktober

Sind die Äpfel um Gallus im Keller verstaut, der Frost sich erstmals in den Garten traut.

Ab Gallus, wenn die Ernte von Äpfeln der Sorten Berlepsch, Breuhahn, Cox Orange, Goldparmäne, Herrnhut und Jonathan beendet ist – nicht alle Sorten sind bis dahin schon pflückreif –, können sich nachts erste Bodenfröste, ab dem Namenstag der heiligen Ursula von Köln (21. Oktober) auch Luftfröste einstellen. Am Namenstag des heiligen Gallus, der um 550 in Irland geboren wurde und um 640 in Arbon starb, soll der größte Teil der Feld- und Gartenfrüchte, abgesehen von Zucker- und Futterrüben, von Körnermais, Schwarzwurzeln sowie Grün- und Rosenkohl, geerntet sein.

☙

Wenn der Oktober viel Nebel bringt, der Schlitten im Winter im Schnee oft versinkt.

Tatsächlich darf sich der Wintersportler über viele Nebeltage im Oktober freuen, fällt doch dann im Winter die Zahl der Tage mit Schneedecke umso höher aus. Allerdings dürfte der Schlitten im Tiefland seltener im Schnee versinken als im Bergland. Der Spruch gilt daher insbesondere für die Regionen in den Alpen und in den Mittelgebirgen.

17. Oktober

Lässt der Weinmond (Oktober) noch viel Mücken und Fliegen schwirren, im Hartung (Januar) und Hornung (Februar) die Eiszapfen klirren.

Mücken und Fliegen sind ein Beleg für ein überdurchschnittliches Temperaturniveau im Oktober. Dieses hat häufig etwa drei Monate später eisige Witterung zur Folge. Während dann nachts bei sternenklarem Himmel bittere Kälte herrscht, ist tagsüber Frau Sonne dennoch in der Lage, vorübergehend den Schnee auf dem Dach anzutauen, sodass das Schmelzwasser kurze Zeit später am Dachrand zu Eiszapfen gefriert.

18. Oktober

Wenn Lukas Erinnerungen an den Sommer weckt, viel Kraft im kommenden Winter steckt.

Einem sehr kalten Januar mit einem Monatsmittel unter minus vier Grad geht in neun von zehn Fällen ein überdurchschnittlich warmer Lukastag voraus. Da aber nach einem zu warmen Lukastag in vielen Fällen auch ein milder Hochwinter folgt, lässt sich der Spruch zu Prognosezwecken nicht nutzen, es sei denn, man setzt das Wetter um Lukas mit der Oktoberwitterung gleich.
Lukas, der im Jahr 80 in Bithynien in der Türkei oder in Achaia in Griechenland starb, machte sich als Schutzpatron der Ärzte, Chirurgen, Buchbinder, Goldschmiede und Glasmaler einen Namen. Regional werden am 18. Oktober Lukasfeuer angezündet.

19. Oktober

Kleidet der Oktober sich in ein weißes Gewand, bedeckt kaum Januarschnee Acker und Land.

Schneit es im Oktober, was im Tiefland selten ist, liegt in acht von zehn Fällen die Anzahl der Schneefalltage im Januar unter der Norm. Fast immer ist dann ein insgesamt zu milder Winter zu erwarten.

20. Oktober

Wenn Wind zu Wendelin an der Pforte rüttelt, vom Baum er die späten Äpfel schüttelt.

Heftige Luftbewegung um den Namenstag des heiligen Wendelin löst Äpfel von spät zu erntenden Sorten wie Gelber Bellefleur, Hammerstein, Idared, Ontario und Zuccalmaglio vom Baum, was nicht im Sinne der Gärtner und Obstbauern sein dürfte.
Einer Überlieferung nach pflegte Wendelin, der als Schutzpatron der Hirten verehrt wird, seine Tiere auf einen weit vom Stall entfernten Berg zu führen, auf dem sich gute Weidemöglichkeiten boten. Als sein Dienstherr dort zufällig vorbeigeritten kam, wurde dieser wütend, würde doch Wendelin mit der ihm anvertrauten Herde vor Einbruch der Dunkelheit nicht wieder im Stall sein. Doch sein Dienstherr irrte sich. Zurückgekehrt von seinem Ausritt, fand er Wendelin und alle Tiere wohlbehalten im Stall vor. Wendelin, der ein schottischer Königssohn gewesen sein soll, erblickte um 555 das Licht der Welt und starb im Jahre 617.

21. Oktober

Um Ursula hol Äpfel und Birnen vom Baum, erfüllt doch Simon (28.10.) gern des Winters ersten Traum.

Nach dem Namensfest der heiligen Ursula gibt es bis zum Monatsende eine Tendenz zu unbeständigem Wetter. Insbesondere um den Festtag des heiligen Simon muss man sich auf vorwinterliche Kälteeinbrüche gefasst machen.
Die als Patronin der Tuchhändler sowie als Helferin bei Kinderkrankheiten verehrte Ursula soll vom Heidenkönig Aetherius als Frau begehrt worden sein. Sie folgte mit 11 000 Gefährtinnen zum Schein ihrem Bräutigam Richtung Bretagne. Durch einen Sturm in die Rheinmündung abgetrieben, segelte sie, einer Vision folgend, mit ihrer Flotte stromaufwärts bis zur Stadt Köln, die von Hunnen besetzt war. Die Hunnenkrieger metzelten alle ihre Begleiterinnen nieder. Nur Ursula wurde aufgrund ihrer Schönheit verschont. Als sie sich aber dem Werben des Hunnenkönigs widersetzte, musste auch sie im Jahre 304 oder 451 sterben.

22. Oktober

Macht Kordula sonnig und warm den Tag, für Trauben und Rebholz dies gut sein mag.

Sonnige und warme Tage in der Zeit um Kordula erweisen sich für die Anreicherung von Zucker in den Trauben später Rebsorten und

OBEN: Die Glattblatt-Aster sorgt neben anderen Herbstblühern im Oktober nochmals für einen Farbenrausch in den Gärten.

für das Ausreifen des Rebholzes als vorteilhaft. Letzteres wird damit widerstandsfähiger gegen harte Winterfröste.
Kordula, die als Gefährtin der heiligen Ursula im gleichen Jahr wie diese das Martyrium erlitt, wird in prächtiger und vornehmer Kleidung mit Lanze, Pfeil, Kranz, Schiff und Palme dargestellt.

23. Oktober

Hängt um Severin Marienseide im Geäst, viel Januarkälte sich erwarten lässt; doch fehlen die Fäden an Strauch und Baum, erfüllt sich nicht des Winters Traum.

Trockene und warme Oktoberwitterung sorgt dafür, dass um Severin Krabbenspinnen ihre Marienseide genannten Netze ins Geäst der Sträucher hängen. Bei kühler und nasser Witterung fehlen diese. Während bei einem Vorhandensein solcher Netze der Januar seinem Ruf als Wintermonat gerecht wird, wird bei einem Fehlen derselben Väterchen Frost meist nur schlecht zum Zuge kommen.
Über Severin, der vermutlich im ersten Drittel des 5. Jahrhunderts starb, weiß man nur, dass er ein Zeitgenosse des heiligen Martin von Tours und wahrscheinlich um das Jahr 400 Bischof von Köln war.

24. Oktober

Wenn Eberigisil im Tal in kaltem Regen steht, er auf dem Berg schon den Winter erspäht.

Während um Eberigisil Einbrüche kälterer Luft im Flachland meist noch mit Regen einhergehen, können im hohen Bergland, wo es in der Regel deutlich kälter ist, die Niederschläge schon häufig als Schnee fallen. Eberigisil soll im Jahre 590 in Poitiers zur Schlichtung von Zwistigkeiten in einem Nonnenkonvent beigetragen haben. Im Streit der Königstöchter Chrodechilde und Basina mit der Äbtissin ihres Klosters, der später heilig gesprochenen Radegunde, fungierte er im Auftrag von Childebert als Schiedsrichter. Aufgrund seiner diplomatischen Fähigkeiten war er im Volk sehr beliebt. Der Überlieferung nach wurde Eberigisil, der als Patron der Glaser und Glasmaler verehrt wird, in Tongern von Räubern erschlagen.

Fällt warm und trocken der Oktober aus, dann schütze vor Winterkälte dein Haus.

Da ein warmer und trockener Oktober mehrheitlich einen kalten Januar und Februar verspricht, heißt es, das Haus besonders sorgfältig winterfest zu machen, damit nicht die Kälte durch die Ritzen weht.

25. Oktober

Wenn Krispin und Krispinian nachts schon Fröste machen, haben lästige Fliegen nichts mehr zu lachen.

Da nächtliche Fröste in der Zeit um Krispin und Krispinian schon häufiger und vor allem stärker ausfallen, hat das letzte Stündchen der Fliegen geschlagen. Die als Schutzpatrone der Gerber, Schneider, Sattler sowie Weber verehrten und aus römischem Adelshaus stammenden Brüder Krispin und Krispinian erlitten wahrscheinlich um das Jahr 287 das Martyrium.

26. Oktober

Verjagt warme Oktobersonne Wolken und Regen, wird Nordostwind im Januar über die Felder fegen.

Ein trockener und warmer Oktober zieht mit einer Wahrscheinlichkeit von 80 bis 90 Prozent einen kalten Januar nach sich. Da die kalte Luft im Januar aus Hochdruckgebieten über Fennoskandien und Nordosteuropa ausfließt, weht häufig ein eisiger Wind aus Nordost oder Ost.

OBEN: Warmes Oktoberwetter kann an den Apfelbäumen neben pflückreifen Früchten auch herbstliche Blüten zur Folge haben.

27. Oktober

Weht im Weinmond (Oktober) der Wind kalt und rau, zeigt sich der Hartung (Januar) verregnet und lau.

Überwiegen Oktoberwinde, die kühle Meeresluft aus westlicher und nordwestlicher Richtung bescheren, zieht das mit einer Wahrscheinlichkeit von knapp 70 Prozent eine Dominanz von Winden aus gleicher Richtung im Januar nach sich. Im Januar transportieren diese Winde meist regenträchtige und verhältnismäßig milde Luftmassen heran.

28. Oktober

Wer Weizen sät am Simonstage, dem trägt er goldene Ähren, ohne Frage.

Wie Aussaatzeitversuche ergeben haben, verspricht eine Aussaat des Winterweizens in der zweiten Oktoberhälfte und damit auch am Festtag des heiligen Simon Zelotes, der als Schutzpatron der Waldarbeiter und Holzhauer gilt, im Durchschnitt mehrerer Jahre den höchsten Ertrag. Der Apostel Simon Zelotes starb als Märtyrer im 1. Jahrhundert.

29. Oktober

Baumblüte zum zweiten Mal im Jahr noch nie ein gutes Zeichen war.

Der »zweite Frühling« der Bäume tritt ein, wenn das Wärmeangebot, der Wasserhaushalt und die Einstrahlungsbedingungen im Herbst denen vor Beginn der Blüte im Frühjahr nahekommen. Nach einem kühlen und regnerischen Witterungsabschnitt setzt also eine Erwärmung in Verbindung mit Sonnenschein (bei etwa gleicher astronomischer Tageslänge) ein. Baum oder Busch »denken« dann, dass sie sich im Frühling befinden, und beginnen zu blühen. So treten mitunter an Apfelbäumen in unmittelbarer Nähe pflückreifer Früchte Blüten auf. Das sieht kein Obstbauer gern, verpulvern doch betroffene Obstgehölze im Voraus einen Teil ihrer Kraft.

30. Oktober

Wenn im Weinmond (Oktober) viel Nebel wallen, wird reichlich Schnee im Winter fallen.

Der Oktober gilt als »Nebelchampion«. Beschert er uns eine über der Norm liegende Anzahl von Nebeltagen, ist in sechs von zehn Fällen die Zahl der Wintertage mit Schneedecke überdurchschnittlich hoch.

31. Oktober

Spielt Wolfgang mit den Regentropfen, bringt der Sommer viel Korn, Wein, Heu und Hopfen.

Regen um Sankt Wolfgang erweist sich für Keimung und Auflauf des Winterweizens sowie für die Jugendentwicklung von Winterraps, Wintergerste und Winterroggen als vorteilhaft. Darüber hinaus kann sich trockenes, teils durch die Sonne verbranntes Wiesengras regenerieren.

Der als Patron der Hirten, Holzfäller und Köhler verehrte Wolfgang von Regensburg lebte von 924 bis 994. Er machte sich als Helfer bei der Abwehr von Zauberei, Gespenstern und Teufeln einen Namen.

Oktoberhimmel voller Sterne haben warme Öfen gerne.

Dieser Spruch weist darauf hin, dass im Falle eines wolkenlosen Himmels eine rasche und starke Abkühlung der Luft nach Sonnenuntergang erfolgt. Häufig geht dabei die Temperatur unter den Gefrierpunkt zurück. Das führt oft zur Ausbildung von Reif, der auch gefährliche Glätte auf Straßen verursachen kann.

OBEN: Der Oktoberwind macht es möglich. Jung und Alt haben Spaß daran, die bunten Drachen in den Himmel zu manövrieren.

November, Nebelmond, Nebelung oder Windmond

Bauernregeln im November

Der November beendet das Farbenspiel des Herbstes.
Feuchtes und zu Nebeln neigendes Wetter ist häufig an der Tagesordnung.
Nach Monatsmitte nimmt die Häufigkeit von Flockenwirbel zu.
Die Ausbildung beständiger Schneedecken ist am Monatsende möglich.

1. November

Fällt Schnee am Allerheiligentag,
Martini (11.11.) sonnig und warm
werden mag.

Rieselt schon Schnee an Allerheiligen, pflegt dieser infolge der Zufuhr von wärmerer Luft rasch zu tauen. Man kann davon ausgehen, dass sich nach kälterem, unbeständigem Monatsbeginn und damit dem Ausbleiben der sogenannten Allerheiligenruhe – darunter ist eine in sieben von zehn Jahren eintretende Hochdruckwetterlage zu verstehen – um Martini, meist aber wenige Tage danach, der »Martinssommer« einstellt.

2. November

Gefrieren die Pfützen in der
Allerseelennacht, sorgt's Christkind für
Eisluft und weiße Pracht, dann hörst
du die Schlittenkufen im Schnee und
Glockengeläut über Wald, Feld und See.

Der Aussagewert des Reimes hält sich in Grenzen. Eine über der Norm liegende Anzahl von Frosttagen während der ersten Novemberdekade zieht in drei von vier Fällen eine überdurchschnittliche Anzahl von Regentagen beziehungsweise unterdurchschnittliche Anzahl von Schneefalltagen im Januar nach sich. Das bedeutet aber nicht automatisch, dass deshalb auch weiße Weihnachten ausfallen. Ganz im Gegenteil. Allerheiligen (1. November) und Allerseelen sind quasi zu einem Doppelfest verschmolzen, das mit den »Seelenlichtern« auf den Friedhöfen endet.

3. November

Hubertusschnee kommt über Nacht,
bis Mittag meist schmilzt seine Pracht;
doch weht's zu Andrä (30.11.) Schnee
vors Tor, liegt er bis Valentin davor.

Bei insgesamt zu hohen Tagestemperaturen um den Hubertustag konzentrieren sich die als Schnee fallenden Niederschläge auf die Nacht. Sich ausbildende Schneedecken schmelzen tagsüber wieder ab. Das sieht um den Andreastag schon anders aus. Oft bleibt der Schnee dann auch im Tiefland über längere Zeit liegen.
Der heilige Hubertus lebte von 655 bis 727. Bei einer Jagd soll ihm ein Hirsch, der ein leuchtendes Kreuz zwischen dem Geweih trug, begegnet sein.

OBEN: Der Igel im bunten Herbstlaub muss sich noch etwas Speck anfressen, bevor er sich zur Winterruhe begeben kann.

4. November

Wenn der November regnet und frostet, dies der Saat das Leben kostet.

Regen bei milderem Wetter und Frost ohne Schnee im ständigen Wechsel lösen aufgrund der Eigenschaft des Wassers, sich beim Gefrieren auszudehnen, zum Teil erhebliche Bodenbewegungen aus. Durch Hebung der Krume nach vorangegangener Senkung kann es bei den jungen Saaten zu Wurzelrissen kommen, die zum Absterben der Pflanzen führen können.

5. November

Wenn der Obstbaum herbstliche Blüten präsentiert, der Winter bis weit in das Frühjahr regiert.

OBEN: Gelb und Rot, die dominierenden Farben des Herbstes, haben sich von den Laubbäumen zum Boden hin verlagert.

Gestaltet sich der November sehr mild, kann es passieren, dass sich die für das kommende Jahr angelegten Blüten an Obstbäumen öffnen. Dieser »zweite« Frühling der Bäume, der Väterchen Frost erst einmal den Weg versperrt, hat oft genug einen späten, bis in den März währenden Winter, gewissermaßen als Ausgleich für die fehlende Präsenz im Spätherbst, zur Folge.

6. November

Kriecht an Leonhard aus dem Boden der Wurm, nimm dich in Acht vor Dezembersturm.

Regnerisches Wetter um Leonhard, das mitunter die Regenwürmer zwingt, ihren Lebensbereich, den Boden, zu verlassen, zieht im Dezember oft zu heftiger Luftbewegung neigendes Wetter nach sich. Der als Schutzpatron der Stallknechte, Fuhrleute, Schmiede, Kohlen- und Lastenträger sowie der Pferde verehrte Leonhard zählt zu den populärsten Heiligen Bayerns. Er war allerdings Franzose, soll um das Jahr 500 zur Welt gekommen und um 559 gestorben sein und Deutschland nie betreten haben.

Wenn der Wind aus Osten weht, der Fisch nicht an die Angel geht.

Bei Ostwind, das lehrt die Erfahrung, will der Fisch nicht so recht beißen. Wen es an den nahe gelegenen See zieht, um beispielsweise dem Hecht nachzustellen, muss damit rechnen, dass er das Fischwasser als »Schneider« verlässt. Offensichtlich hat Ostwind ein anderes Schwingungs- oder Böigkeitsverhalten als Südwest- oder Westwind.

7. November

Friert im November zeitig das Wasser,
wird's im Januar umso nasser.

Die Regel dürfte für einen faden Beigeschmack bei Wintersportlern sorgen. Liegt nämlich die Anzahl der Frosttage während der ersten Novemberdekade über dem langjährigen Durchschnittswert, wird mit einer Wahrscheinlichkeit von 75 Prozent im darauffolgenden Januar die Zahl der Regentage überdurchschnittlich hoch sein.

8. November

Kommt Willehad als Regenmann, ziehen
Sturm und Wind im Dezember heran.

Benötigt man um den Gedenktag von Willehad einen Regenschirm, weil die Wolken von Tiefdruckgebieten und ihren Ausläufern sich ihrer Niederschlagsfracht entledigen, so liegt es nahe, dass im Dezember uns Sturmtiefs das Leben schwer machen werden. Willehad von Bremen, der von 745 bis 789 lebte, soll von Karl dem Großen dazu berufen worden sein, das Evangelium in der Region am Unterlauf der Weser zu verkünden.

Trägt's Hermelin ein weißes Fell,
dann ist der Winter bald zur Stell'.

Im Gegensatz zum Sommer, wo das Rückenfell des Hermelins braun und das Fell an Seiten und Bauch gelblich weiß gefärbt ist, besitzt das Winterfell des Hermelins eine durchweg weiße Färbung, sieht man einmal von der Schwanzspitze ab. Nachdem im Herbst die braunen Haare ausgefallen und dickere, längere weiße Haare nachgewachsen sind, steht der Winter mit Frost und Schnee vor der Tür. Das weiße Fell ist dann für den kleinen Räuber eine gute Tarnung.

9. November

Wenn's Eichhörnchen von Tann' oder Fichte seine Nahrung erhält, so bringt's dunkel- bis schwarzbraunen Nachwuchs zur Welt; doch nimmt's von den Buchen viel Futter an, dann wachsen meist rotbraune Junge heran.

OBEN: Das Eichhörnchen, der kleine und flinke Kletterer, tut sich im Schnee an den Früchten des Herbstwaldes gütlich.

Offenbar spielt die Nahrung der Eichhörnchen eine große Rolle im Hinblick auf die Fellfärbung ihrer Jungen. Ernähren sich die Eltern von Fichten- und Tannensamen, weist der Nachwuchs ein dunkles bis schwarzbraunes Fell auf, stehen aber Bucheckern auf der Speisekarte, wird das Fell der Jungen rotbraun. Im Herbst legen Eichhörnchen Vorräte für den Winter an.

OBEN: **Der verschneite Wald ist teilweise in Nebel getaucht. In den Bergen setzt der Winter oft schon im November ein.**

10. November

Wenn's Rotkehlchen auf des Zweiges Spitze im Abendlicht singt, tags drauf es schönes Wetter bringt.

Wenn das dämmerungsaktive Rotkehlchen im Spätherbst bei Sonnenuntergang die Spitzen der Zweige aufsucht, um zu singen, herrscht meist Hochdruckwetter. Dagegen hält sich der Vogel bei Wind und Regen im Unterholz auf, wohin sich auch die Insekten als Futtertiere zum Schutz zurückziehen. Hochdruckwetter in den Abendstunden findet meist auch am nächsten Tag seine Fortsetzung.

11. November

Wenn an Martini Nebel sind,
wird der Winter meist gelind.

Stellt sich um den Martinstag Nebel ein, was so viel bedeutet wie feuchttrübes Wetter, ist mit einer Wahrscheinlichkeit von 60 bis 70 Prozent ein milder Winter zu erwarten. Martin von Tours gilt als Schutzpatron der Reiter, Hufschmiede, Schneider, Weber und Bettler. Die wohl bekannteste Martinslegende berichtet, dass ein Offizier von edler Gesinnung namens Martin hoch zu Ross vor dem Stadttor von Amiens seinen Mantel zerschnitt und eine der beiden Hälften einem frierenden Bettler schenkte. Nachdem sich dieser Bettler nachts im Traum als Christus zu erkennen gegeben hatte, hängte besagter Offizier seinen Soldatenberuf an den Nagel und wirkte fortan als Missionar und Einsiedler. Als man ihm anno 371 das Amt des Bischofs von Tours antrug, versteckte sich

Martin, nicht gewillt, dieses Amt zu übernehmen, in einem Gänsestall. Das Geschnatter der Tiere verriet ihn jedoch. Alle Jahre wieder müssen deshalb die Gänse am Sterbetag des heiligen Martin, der um 316/317 in Pannonien, im heutigen Ungarn, geboren wurde und bis 397 lebte, ihren Verrat mit dem Leben bezahlen.

12. November

Fließt im Spätherbst noch der Birkensaft, dann kriegt der Winter keine Kraft.

Strömt in den Lebensadern der Birke im Spätherbst noch Saft, hängt dies meist mit einem sonnenscheinreichen November, der sich durch überdurchschnittliche Tageshöchsttemperaturen auszeichnet und in dem die Sonne den Boden noch relativ stark erwärmt, zusammen. Einem derartigen November folgt in sieben von zehn Jahren ein überdurchschnittlich temperierter Januar. Aus der geringen Bodentiefe des Hauptwurzelhorizonts der Birke erklärt sich im Falle einer raschen Bodendurchwärmung die längere Feuchte- und Nährstoffnachlieferung über die Wurzeln in das Birkenholz.

13. November

Schneit's im November gleich, so wird der Winter weich.

Wagen sich Väterchen Frost und seine Gesellen zu früh, also vor Mitte November, in hiesige Gefilde, pflegt der Winter in sieben bis acht von zehn Fällen tatsächlich mild zu werden. »Sperrt der Winter zu früh das Haus, hält er es sicher nicht lange aus«, ist eine Variation dieser Regel. Sie löst bei Schneefans zwiespältige Gefühle aus.

14. November

Nimmt um Alberich der Martinssommer seinen Lauf, türmen Johannes (27.12.) und Jesse (29.12.) Schneeberge auf.

OBEN: Birken im Schnee nach frühem Wintereinbruch. Als Bäume des Nordens verkraften sie strenge Fröste problemlos.

In Jahren, in denen die als »Allerheiligenruhe« bezeichnete Hochdrucklage während der ersten Novembertage ausbleibt, stellt sich häufig zwischen dem 13. und 22. November und somit auch um Alberich ein Abschnitt freundlichen Wetters ein, der den Namen »Martinssommer« trägt und schon von Shakespeare beschrieben wurde. Ist es dabei vom 12. bis 16. November sehr mild, wird meist die letzte Dezemberdekade unterdurchschnittlich temperiert sein. Die Wahrscheinlichkeit, dass dann von Weihnachten bis Silvester Schnee liegt, muss relativ hoch veranschlagt werden.

OBEN: **Bei der Holzgewinnung. In schwierigem Gelände, wo die Technik versagt, kommen Pferde heute noch zum Einsatz.**

Das Geburtsjahr des aus dem Geschlecht der Merowinger stammenden Alberich ist unbekannt. Tatkräftig und erfolgreich wirkte er als Missionar der Friesen, bevor er 784 starb.

15. November

Bleibt der Mantel um Albert im Schranke hängen, wird Kälte die Unschuldigen Kindlein (28.12.) bedrängen.

Meint es der Martinssommer um den Namenstag von Albert dem Großen zu gut, neigt der Tag der Unschuldigen Kinder zu winterlichem Wetter. So belegen Untersuchungen, dass überdurchschnittliche Temperaturen um die Monatsmitte häufig Frost zwischen den Jahren nach sich ziehen. Albert, der um 1200 geboren wurde und 1280 starb, gilt als Schutzpatron der Studenten, Naturwissenschaftler, Theologen und Bergleute.

16. November

Hat der November einen weißen Bart, wird der Winter lang und hart.

Bildet sich über Fennoskandien und den Weiten Russlands schon im November eine beständige Schneedecke aus, über der Kaltluft produziert wird, die im Monatsverlauf ab und an nach Mitteleuropa aussickert und die hiesigen Regionen mit einem Reifgewand versieht, kann der Winter durchaus strenge Fröste bescheren und von langer Dauer sein.

17. November

Macht Salome dich sommerheiß, kommt Jesse (29.12.) kalt mit Schnee und Eis.

Herrscht um Salome Martinssommer, ist die Wahrscheinlichkeit winterlicher Witterung um Jesse verhältnismäßig hoch. Die Äbtissin Salome wurde um 1210 in Krakau geboren und starb im Jahre 1268 in Grodzisko in Polen.

Halten die Krähen Konvivium, sieh schnell nach Feuerholz dich um.

Wenn die Krähen sich in größeren Gruppierungen auf den Feldern einfinden, lassen Väterchen Frost und seine Gesellen nicht mehr lange auf sich warten. Sofern noch nicht getan, sollte man sich unbedingt mit Heizmaterial eindecken, denn Krähen scheinen einen siebten Sinn im Hinblick auf das Nahen des Winters zu haben.

18. November

Fliegen im November noch Sommerfäden, wirst du lang nicht vom Frühling reden.

Wenn freundliches Wetter dem November seinen Stempel aufdrückt, Spinnenfäden durch die Lüfte schweben und auch in Fennoskandien der Winter noch keinen Einzug gehalten hat, kann man in der Mehrzahl der Fälle davon ausgehen, dass der Winter hierzulande erst verspätet einsetzt und im Frühjahr Väterchen Frost und Frau Holle nicht so schnell abtreten werden.

19. November

Elisabeth hat viel Kraft und prophetische Gaben, regnet's, will einen milden Winter sie haben; doch ziert dünnes Eis schon Tümpel und Teich, dann stärkt sie den Winter und macht ihn schneereich.

Weint der Himmel Tränen um Sankt Elisabeth, sollte man einen überdurchschnittlich temperierten Winter ins Kalkül ziehen. Sorgen dagegen leichte Fröste für vorwinterliches Flair, dürfen sich Schneefans und Wintersportanhänger freuen.
Elisabeth erblickte 1207 in Sárospatak als Tochter des ungarischen Königs Andreas II. und seiner Frau Gertrud von Andechs das Licht der Welt und starb 1231 im hessischen Marburg. Die Patronin der Witwer, Waisen, Bäcker und Obdachlosen wird in der Kunst mit einem Korb voller Rosen, einem Korb mit Broten, einer Schüssel mit Fischen und einem Bettler dargestellt. Als Elisabeth, Ehefrau des Thüringer Landgrafen Ludwig IV., im Hungerjahr 1226 alles verfügbare Korn an Arme und Bedürftige austeilen ließ und heftige Vorwürfe gegen sie laut wurden, sollen sich einer Legende zufolge alle Säle und Kammern mit Korn gefüllt haben.

20. November

Raufrost auf der Flur, milder Witterung Spur.

Raufrost kommt durch eine Anlagerung unterkühlter und bei Berührung gefrierender Wassertröpfchen an Sträuchern oder Bäumen zustande. Dabei entsteht ein dem Wind entgegenwachsendes Gebilde in Gestalt mehrerer Zentimeter, im Bergland auch einiger Dezimeter langer Fahnen. Der den Raufrost verursachende Nebel entsteht, wenn milde Luft über eine kalte Unterlage streicht. Im Winter bedeutet dies meist Tauwetter.

21. November

Scheint die Sonne an Mariä Opfergang,
wird der Winter kalt und lang.

Sich durch einen wolkenarmen Himmel auszeichnendes Wetter um Mariä Opferung, das mit frostigen Nächten einhergeht, erhöht die Wahrscheinlichkeit eines kalten und weißen Eligiustages (1. Dezember) und damit auch die eines deftigen Winters. Wärmeres und wolkenreiches Wetter um Mariä Opferung zieht meist einen milden Eligiustag nach sich, da überdurchschnittliche Temperaturen vom 21. bis zum 24. November auch in den darauffolgenden 14 Tagen Väterchen Frost nicht zur Entfaltung kommen lassen.

OBEN: Der Fuchs besitzt Ende November meist schon ein dickes Winterfell, das ihm Schutz vor eisiger Kälte bietet.

Der Gedenktag Unserer Lieben Frau in Jerusalem – früher das Fest Mariä Opferung – erinnert daran, dass die erst dreijährige Maria von Joachim und Anna, ihren Eltern, in den Tempel nach Jerusalem gebracht wurde, um dort unter den Tempeljungfrauen erzogen zu werden.

22. November

Wenn eiskalt sich Cäcilia zeigt,
der Winter vor ihrer Kraft sich verneigt,
dann spendet Eligius (1.12.) schon
schützenden Schnee, deckt zu Luzerne
Korn, Gras und Klee.

Oft tritt nach kalter Witterung um Cäcilia ein frostiger Dezemberbeginn mit Schnee und Eis ein. Eine tief verschneite Landschaft um Eligius erweist sich häufig als Garant für länger währendes Winterwetter.
Cäcilia, die eine bildhübsche adlige Römerin war, kam um 200 zur Welt und starb um 230 als Märtyrerin. Einer Legende zufolge soll sie nicht nur ein Bad in kochend heißem Wasser, sondern auch die Enthauptung überstanden haben. Trotz dreier Versuche des Scharfrichters, sie zu köpfen, erlag Cäcilia erst drei Tage später den mit ihren Wunden verbundenen Qualen.

☙

Ruhen Novembernebel im Wald, kommt
der rechte Winter bald.

Häufig sind herbstliche Hochdrucklagen mit ruhigem, zu Nebeln neigendem Wetter verbunden. Wenn, wie im Zentrum einer Antizyklone, kaum ein Lüftchen weht, scheint der Nebel im Wald zu ruhen. Löst er sich dann aber bei einsetzendem Ostwind auf, dann ist es häufig klar. In der herangeführten kontinentalen Luftmasse wird es vor allem nachts meist schon bitterkalt.

23. November

Wenn Klemens milden Wind beschert,
Sankt Barbara (4.12.) keine
Eisblumen begehrt.

Dominieren um Klemens mildere Meeresluftmassen, bleibt auch um Barbara der Winter noch fern. Statt Eisblumen von den Scheiben zu kratzen, kann man bei erträglichen Temperaturen Barbarazweige im Freien schneiden. Klemens, der als Patron der Hutmacher, Steinmetze, Seeleute und Marmorarbeiter gilt und dessen Leben im Jahre 97 oder 101 endete, erlitt einer Legende zufolge den Märtyrertod auf der Krim. Durch das Zeichen eines Lammes soll er bei seiner Arbeit in einem trockenen und staubigen Steinbruch eine Quelle entdeckt haben. Der Zauberei bezichtigt, warf man ihn mit einem um den Hals gehängten Anker ins Meer.

24. November

Ist im November die Buche starr und fest,
sich große Kälte erwarten lässt.

Fließt durch die Lebensadern der Buche kein Saft mehr, ist der von diesem Laubgehölz durchwurzelte Boden so weit abgekühlt, dass keine Feuchte- und Nährstoffnachlieferung über die Wurzeln mehr erfolgt. Der Baum begibt sich in Winterruhe. Passiert dies in der letzten Novemberdekade, erhöht sich die Wahrscheinlichkeit eines strengen Winters.

25. November

Wie Katharina das Wetter gestaltet,
so der nächste Februar waltet.

Bezogen auf die Frage »Trocken oder nass?« trifft die Regel zu etwa 70 Prozent zu. So folgt trockenem Wetter um den Katharinentag in acht von zehn Fällen ein niederschlagsarmer Februar. Herrscht dagegen regnerisches Wetter um Sankt Kathrein, zeichnet sich in sechs von zehn Fällen der Februar durch ein überdurchschnittliches Niederschlagsangebot aus.
Katharina, die im Jahre 306 als Märtyrerin starb, als Schutzpatronin der Mädchen und Jungfrauen gilt und bei der Suche nach Ertrunkenen angerufen wird, hat sich auch als Helferin gegen Milchlosigkeit beim Stillen einen Namen gemacht. Der Legende nach soll aus Katharinas Körper bei der Folter Milch statt Blut geflossen sein.

Wenn im November
die Sterne leuchten hell, heißt das:
Die Kälte kommt schnell.

Ein klarer Nachthimmel, der die Sterne in trockener Luft stark leuchten lässt, verursacht einen merklichen Temperaturrückgang. Da mit dem abnehmenden Sonnenstand das Verhältnis von zugestrahlter Sonnenenergie zum nächtlichen Ausstrahlungsverlust sich immer ungünstiger gestaltet, liegen im November schon deftige Nachtfröste im Bereich des Möglichen.

26. November

Fällt reichlich Regen im
Nebelung (November), kommt
um Konrad das Mühlrad in Schwung;
doch mangelt's an November-
niederschlag, die Wassermühle nicht
in Gang kommen mag.

Bei Wassermühlen kommen für die Umsetzung der Wasserenergie in mechanische Arbeit Wasserräder zum Einsatz. Das zum Antrieb des Mühlrades notwendige Wasser entstammt meist einem Bach oder Fluss. Führen diese infolge reichlicher Novemberniederschläge genügend Wasser, kann die Mühle um Konrad problemlos arbeiten. Nach trockener Novemberwitterung gerät ihr Betrieb oft ins Stocken.
Konrad, der um 900 geboren wurde, erhielt 934 die Bischofsweihe. Dreimal begab er sich auf Wallfahrt ins Heilige Land, bevor er 976 in Konstanz starb.

27. November

Macht um Virgilius der Frost
keinen Bogen, wirst du im März um
den Frühling betrogen.

Fühlt sich Väterchen Frost um Virgilius in Mitteleuropa schon wohl, zeichnet sich der März häufig durch ein unterdurchschnittliches Temperaturniveau aus. Der heilige Virgilius von Salzburg, Patron der Kinder und Helfer bei Geburtsnöten, erblickte um 700 das Licht der Welt und starb im Jahre 784.

28. November

Malt Hathumoda Regenbögen
an das Himmelszelt, der Februar ganz
sicher ins Wasser fällt.

Regenbögen weisen auf ein Wechselspiel von Sonnenschein und Regenwolken bei niedrigerem Sonnenstand hin. Regnet es um den Gedenktag der Äbtissin Hathumoda von Brunshausen, wird auch der Februar mit ungefähr 60-prozentiger Wahrscheinlichkeit feucht ausfallen. Hathumoda kam um 840 in Sachsen zur Welt und starb 874 in Gandersheim.

29. November

Sickert Kälte um Saturninus ein,
wird kalt auch der Dezember sein.

Kälteeinbrüche Ende November und damit auch um Saturninus führen im Allgemeinen dazu, dass auch Anfang Dezember winterliches Wetter herrscht, zumindest aber Nachtfröste dem Wetterablauf ihren Stempel aufdrücken. Ein frostiger Dezemberbeginn hat in sieben von zehn Fällen einen zu kalten Dezember im Geleit. Der Überlieferung nach soll Saturninus um das Jahr 250 von einem wutentbrannten Stier angegriffen und getötet worden sein. Eine andere Version über seinen Tod geht davon aus, dass er während der Christenverfolgung unter Kaiser Decius an einen Stier gefesselt wurde, der ihn zu Tode schleifte. Saturninus wird als Helfer gegen Pest, Todesangst und Kopfschmerzen verehrt.

Lässt der November die Füchse bellen,
wird der Winter viel Schnee bestellen.

Normalerweise pflegen Füchse während der Paarungszeit im Januar und Februar oder bei der Verteidigung ihrer Beute zu bellen. Das scheint aber auch bei größerer Kälte im November der Fall zu sein. Möglicherweise fühlen sie sich dann bei ähnlicher astronomischer Tageslänge in den Hochwinter versetzt. Dass Frostwetter Ende November einen Winter mit reichlich Schnee zur Folge haben kann, steht außer Frage.

30. November

Tanzen Flocken um Andrä einen Reigen,
sitzt der Winter zur Weihnacht fest
in den Zweigen; diese verziert er mit
Reifkristallen und lässt wiederholt auch
Schneeflocken fallen.

Gestaltet sich das Wetter um Andreas schon sehr winterlich, bleiben uns Frost und Schnee meist lange erhalten. Oft dürfen wir uns dann sogar über weiße Weihnachtstage freuen. Dem Andreastag und der Nacht zuvor wurden früher magische Kräfte nachgesagt. Kein Wunder, dass der Aberglaube, häufig in Form von Liebesorakeln, Blüten trieb. In der Andreasnacht soll jungen Frauen der künftige Gemahl im Spiegel erscheinen. Andreas, Patron Russlands, Griechenlands, Spaniens und Siziliens, aber auch der Fischer, Wasserträger, Bergleute und Seiler, wird in der Kunst mit Fisch, Strick und x-förmigem Kreuz dargestellt. Er soll das Evangelium in den Donauländern, in Pontus und Bithynien südlich des Schwarzen Meeres, in Thrakien, in Epirus und in der Achaia in Griechenland verkündet haben. Eine Legende berichtet, dass Andreas in Mirmidonia den gefangenen und geblendeten Matthias befreite und ihm das Augenlicht wiedergab.

OBEN: Die Kopfweiden wirken in der Dämmerung gespenstisch. Ihre Ruten wurden früher für die Korbflechterei genutzt.

Dezember, Christmond, Julmond oder Wolfsmond

Bauernregeln im Dezember

Im Dezember, der die kürzesten Tage des Jahres beschert, ist die Zeit der Besinnung und des Nachdenkens gekommen. Schon zu Beginn des Monats stellt sich alle Jahre wieder die Frage: Wird es ein weißes oder grünes Weihnachtsfest geben? Der letzte Monat des Jahres zeichnet sich durch vielfältige Brauchtumspflege aus. Schon unsere Altvorderen zündeten während der dunklen Dezembertage viele Lichter an.

1. Dezember

Fällt auf Eligius ein kalter Wintertag, die Kälte noch vier Wochen dauern mag.

Liegt die Tagesmitteltemperatur um Eligius unter der Null-Grad-Marke, fällt der Dezember mit einer Wahrscheinlichkeit von ungefähr 70 Prozent zu kalt aus. Als Ursache schlägt hier auf jeden Fall die Erhaltungsneigung der Großwetterlage über die gesamte Adventszeit hinweg zu Buche. In einigen Varianten der Eligiusregel heißt es sogar, dass die Kälte noch vier Monde (Monate) dauern mag.
Eligius, der um 588 auf die Welt kam und 660 starb, wurde durch das sogenannte Pferdewunder bekannt. So schnitt er einem störrischen Pferd, das er beschlagen sollte, das Bein ab. Auf dem Amboss befestigte er das Hufeisen daran und setzte das Bein dem Pferd wieder an.

2. Dezember

Lässt Bibiana Schnee und Eis am Hoftor sich türmen, wird's weiter bis Roman (28.2.) schneien und stürmen.

Leisten Frau Holle und Väterchen Frost um Bibiana schon ganze Arbeit, gerät in sieben von zehn Fällen der Dezember und in sechs von zehn Fällen der ganze Winter zu kalt. Bei frostiger Witterung während der Winterwochen liegt meist die Zahl der Schneedeckentage über der Norm. Erfreut um Bibiana eine Schneedecke, dürfte mit 70-prozentiger Wahrscheinlichkeit wenigstens an Heiligabend oder an einem der beiden Weihnachtsfeiertage eine Schneeauflage zu verzeichnen sein.
Bibiana von Rom, die 352 geboren wurde und wahrscheinlich im Jahr 367 das Martyrium erlitt, soll der Überlieferung nach monatelang gefoltert worden sein, bis sie der Tod ereilte. Sie wird als Patronin gegen Kopfweh, Krämpfe und Epilepsie verehrt.

Wenn des Adventssterns Blätter im Fenster rot erglühen, werden an den Scheiben bald auch Eisblumen blühen.

Die meist in tiefem Dunkelrot gehaltenen Advents- bzw. Weihnachtssterne in den Blumentöpfen hinter den Fenstern oder in den Wintergärten erinnern daran, dass bis zu den Festtagen gar nicht mehr so viel Zeit ins Land

OBEN: Christrosen blühen bei Frost und Schnee. Sie sind gewissermaßen ein Symbol der Weihnachtszeit in unseren Gärten.

geht, der Winter sich ungeachtet des Weihnachtstauwetters immer fester etabliert und Eisblumen an Fenster- und Autoscheiben immer mehr zum morgendlichen Alltag gehören. Im Hinblick auf den zu den Wolfsmilchgewächsen zählenden Adventsstern, der sich durch relativ unscheinbare kleine Blüten, aber durch große farbige Hochblätter auszeichnet, heißt es: »Leuchtet der Adventsstern im Fenster rot, der Winter mit strenger Kälte oft droht.« Der Sage nach soll die dekorative Topfpflanze aus einem heißen Blutstropfen des Herzens einer unglücklich verliebten aztekischen Göttin entsprungen sein.

OBEN: **So schön können Barbarazweige aussehen, wenn sie während der Weihnachtstage in der Vase zur Blüte gelangen.**

3. Dezember

Um Franz Xaver der Winter oft noch ein Kind, an Luzia (13.12.) macht Eis die Fenster blind.

Auch wenn um das Namensfest des heiligen Franz Xaver noch milde Winde wehen, erfolgt zwischen Luzia und Sankt Lazar (17. Dezember) oft ein erster ernst zu nehmender Kälteeinbruch mit Flockenwirbel. Klart es dann nachts bei Zufuhr kalter Luft aus Nordosten und Osten auf, können sich an den Fenstern Eisblumen bilden.
Franz Xaver, der von 1506 bis 1552 lebte, gilt als Patron von Indien, der Missionare, Seefahrer und Jesuiten sowie als Helfer gegen Sturm und Hagel.

4. Dezember

Wer an Barbara Kirschzweige bricht, erfreut sich an Blüten im Kerzenlicht.

Um den Tag der heiligen Barbara geschnittene Zweige, zum Beispiel von Forsythien, Süßkirschen, Pflaumen und Schlehen, blühen in der Vase um Weihnachten auf. Normalerweise erhöht ein natürlicher Kälteschock die Blühbereitschaft der Barbarazweige. Barbara, die im 4. Jahrhundert lebte, wurde der Überlieferung nach vom eigenen Vater in ein Turmverlies gesperrt. Dort soll sie trockene Kirschzweige mit ihren Tränen benetzt und diese an ihrem Todestag dadurch zum Blühen gebracht haben. Einen der blühenden Kirschzweige betrachtend, sagte sie: »Du schienst wie tot, aber du bist aufgeblüht zu schönem Leben.« Barbara wird als Schutzpatronin der Bergleute und als Helferin bei Unwetter verehrt.

5. Dezember

Wenn um Anno der Winter schweigt, er sich mit Schneesturm um Lazar (17.12.) zeigt.

Zeichnen sich die Tage um Anno durch mildes Wetter aus, so herrscht nicht selten um Lazar Frostwetter mit Flockenwirbel vor. Die Aussage mit dem Schneesturm sollte man allerdings nicht auf die Goldwaage legen. Der Erzbischof Anno von Köln wurde um 1010 geboren und starb 1075. Er begleitete Kaiser Heinrich III. auf seinen Ungarnfeldzügen von 1051 und 1052 und machte sich als Reichsverweser für den minderjährigen Kaiser Heinrich IV. einen Namen. Anno wird als Helfer gegen Gicht angerufen.

Taut und friert ständig im Wechsel die Krume, zerstört dies die Wurzeln von Raps, Korn und Blume.

Ständiger Frostwechsel in der Krume, der ein wiederholtes Auftauen und Gefrieren des Wassers in der obersten Bodenschicht verursacht, sodass sich diese andauernd hebt und senkt, kann nicht nur bei den Wintersaaten, sondern auch bei Ziergewächsen zu teils tödlichen Wurzelzerreißungen führen.

6. Dezember

Lässt Nikolausregen die Bäche ansteigen, ächzt grimmig der Januarfrost in den Zweigen.

Ergiebige Regenfälle um den Namenstag des Nikolaus von Myra, der um 280 oder 286 geboren wurde und 345 oder 351 starb, haben nicht zwangsläufig grimmigen Januar-

OBEN: **Am 6. kommt der Nikolaus, da stellt man seine Schuhe raus, damit der Patron der Kinder sie mit Süßigkeiten füllt.**

frost zur Folge. Meist stellt sich nach einem milden und verregneten ersten Dezemberdrittel sogar ein überdurchschnittlich temperierter Hochwinter ein. Trotz ergiebigen Regens um Sankt Nikolaus kann die erste Dezemberdekade natürlich insgesamt zu kalt ausfallen, was eher für einen frostigen Winter spräche.

7. Dezember

Wenn der heilige Ambrosius es will, wird der Winter mild und still; doch hat er nach heftigem Frost Verlangen, beißt heulend der Nordwind in deine Wangen.

Ambrosius erweist sich als neuralgischer Zeitpunkt hinsichtlich der Witterung in den kommenden Winterwochen. Gestaltet er sich mild, deutet sich ein Winter an, der seinen Namen nicht verdient. Beschert Ambrosius aber Frost und Eis, wird in den Folgewochen oft ein steifer Nord-, Nordost- oder Ostwind Flocken und Eiskristalle über Wald und Feld peitschen.

Ambrosius, der als Patron der Imker und Bienen gilt, lebte von 333/334 oder von 339/340 bis zum Jahre 397 und wird in der Kunst mit Bienenkorb, Kind in der Wiege, Taube, Buch und Schreibfeder dargestellt.

8. Dezember

Geht Mariä Empfängnis mit klirrender Kälte einher, liegt zum Christfest der Schnee auf den Dächern schwer.

Wenn um Mariä Empfängnis der Frost vehement sein Zepter schwingt und seit Monatsbeginn Schnee liegt, wird in sieben von zehn Fällen die weiße Pracht auch für eine besonders schöne Weihnachtsstimmung sorgen. Unter Mariä Empfängnis ist das Hochfest der ohne Erbsünde empfangenen Jungfrau und Gottesmutter Maria zu verstehen.

9. Dezember

Wenn's im Christmond reichlich schneit, unser täglich Brot gedeiht.

Ergiebigerer Flockenwirbel im Verlauf des Monats Dezember, der zur Ausbildung einer beständigen Schneedecke führt, sieht der Landmann gern, schützt doch die weiße Pracht die jungen Saaten vor harten Frösten und damit vor Auswinterungsschäden.

10. Dezember

Kann Bruno seine Stiefel in Pfützen baden, steht Thomas (21.12.) im Schnee bis an die Waden.

Sorgt Regen um das Namensfest des Abtes Bruno von Rommersdorf, der im Jahre 1236 starb, dem Adel der Herren von Braunschweig angehörte und mit Ludwig IV. von Thüringen und dessen Frau Elisabeth befreundet war, für Pfützen, ist die Wahrscheinlichkeit einer Schneedecke zu Beginn des astronomischen Winters relativ gering. Handelt es sich bei den Pfützen um Schmelzwasser einer seit Ende November oder Eligius (1. Dezember) bestehenden Schneedecke, darf man schon eher von Schnee am Tag des ungläubigen Thomas sowie von weißen Festtagen träumen.

11. Dezember

Soll der Dezember dem Bauern nützen, muss er viel Schnee bringen und keine Pfützen; denn nur wenn es kräftig schneit, sich die Saat einer wärmenden Hülle erfreut.

Der Landmann wünscht sich für die Saaten einen vor dem Zugriff des Frostes schützenden Schneepelz. Fehlt der Schnee, müssen im Falle harter Winterfröste Erfrierungen am Blattapparat oder bei Wechselfrost in der Krume gefährliche Wurzelzerreißungen befürchtet werden.

12. Dezember

Die Saat muss abgehärtet sein, schaut Hartmann mit bissiger Kälte drein.

Damit die Saaten gut über den Winter kommen und einem Kälteeinbruch ohne Schnee gewachsen sind, hofft der Bauer, dass durch Wasserabzug aus dem Gewebe die Zellsaftkonzentration und damit die Frostresistenz der Pflänzchen steigt. Dieser Abhärtungsprozess sollte bis zum Namensfest des heiligen Hartmann von Brixen erfolgt sein. Es wird berichtet, dass sich Hartmann, der um 1090 bei Passau zur Welt kam und 1164 in Brixen

OBEN: Mit dem großen Hörner- oder Gabelschlitten wird der Weihnachtsbaum zur Freude der Kinder durch tiefen Schnee bergab nach Hause gebracht.

in Südtirol starb, im Turm der Kirche von Antholz (Anterselva) vor Räubern versteckt und dabei seine zur Selbstgeißelung verwendete Eisenkette verloren haben soll. Sie entfaltete an dem Tag, als man sie wiederfand, Wunderkräfte. So entsprang in unmittelbarer Nähe des Turmes eine Quelle, die heute noch den Namen Hartmannsbrunnen trägt.

13. Dezember

Luzia bereitet schon Weihnachten vor,
schmückt alle Fenster mit Eisblumenflor.

Oft setzt sich der Winter um Luzia und die Folgetage nachhaltig in Szene. Nachts malt der Frost Eisblumen an die Fensterscheiben, sofern die Luft nicht zu trocken ist. Luzia, genannt die Leuchtende, die von 286 bis 304 lebte und einer vornehmen sizilianischen Familie entstammte, verteilte alle Reichtümer an Arme, weshalb sie den Feuertod sterben sollte. Sie überstand den Scheiterhaufen, ohne Schaden zu nehmen, um dann durch einen Halsstich mittels Schwert zu sterben. In Erinnerung an Luzia wählt man in Skandinavien das schönste Mädchen zur »Luziabraut«, die am 13. Dezember als eine gabenbringende Königin in weißem Kleid und mit einem Lichterkranz im Haar in Erscheinung tritt. Luzia gilt als Patronin gegen Halsschmerzen und Augenkrankheiten.

OBEN: **Das Räuchermännchen im Tannengrün vor dem roten Adventsstern verbreitet für Jung und Alt Vorweihnachtsstimmung.**

14. Dezember

Lässt Berthold die Sonne am Himmel
gewähren, werden nachts bis zum Christfest
die Fröste sich mehren.

Gibt's um den Namenstag des heiligen Berthold von Regensburg viel Sonnenschein, so ist dies meist auf Hochdruckeinfluss zurückzuführen. Bleibt dieser bis zum Christfest erhalten, verschärfen sich besonders nachts die Fröste, da bei sternenklarem Himmel vom Boden viel Wärme in Richtung Weltall ausgestrahlt wird.
Berthold lebte von 1220 bis 1272. Stationen seines Wirkens als Prediger auf Wanderschaft waren Niederbayern, das Rheintal, der Elsass, die Schweiz, Österreich, Böhmen, Mähren, Schlesien, Ungarn, Thüringen und Franken.

Im Dezember soll der Frost klirren,
dann macht der Sommer keine Wirren.

Zwischen den Temperaturverhältnissen im Weihnachtsmonat und denen im ersten meteorologischen Sommermonat besteht ein Zusammenhang. Zieht man die Dezembermonate mit einer Mitteltemperatur unter dem Gefrierpunkt in Betracht, folgt in sechs bis sieben von zehn Fällen ein Juni, dessen Monatsmittel über der Norm liegt. Viele träumen vom Sommer, aber auch ein kalter und verschneiter Dezember kann am Ofen bei Glühwein sehr angenehm sein.

15. Dezember

Kommt Wunibald mit südlichem Wind, macht Thomas (21.12.) mit Eis die Fenster blind.

Herrscht an Wunibald von Heidenheim, dessen Namenstag je nach Region am 15. oder am 18. Dezember begangen wird, eine südliche Strömung vor, weht meist milde Luft heran. Wird deren Zufuhr in der vierten Dezemberhalbdekade »abgeriegelt«, setzt sich winterliches Wetter mit in den Morgenstunden vereisten Fenster- und Autoscheiben durch. Wunibald, der 701 in Wessex in England geboren wurde und 761 in Heidenheim in Bayern starb, gilt als Patron der Brautleute und der Bauarbeiter.

Frieren Hasen und Rehe im Christmondschnee, suchen im Brachmond (Juni) sie Kühle im Klee.

Zieht es Hasen und Rehe im Dezember auf der Suche nach Futter in die Nähe der Gehöfte oder schützender menschlicher Behausungen, erweist sich der erste meteorologische Wintermonat meist als zu kalt. Unterdurchschnittlich temperierten Dezembermonaten folgt oft ein überdurchschnittlich warmer Juni, in dem es schon hochsommerlich heiß werden kann, sodass Mensch und Tier für ein schattiges oder kühleres Plätzchen dankbar sind.

16. Dezember

Begegnest du Frau Adelheid,
hat sie den Winter im Geleit,
sie liebet sehr den Flockentanz,
verleiht den Zweigen weißen Glanz.

Um Adelheid werden die nordöstlichen Winden zu verdankenden Kaltlufteinbrüche stärker. Sie gehen dann oft mit heftigem Schneefall, Schneetreiben oder Schneefegen einher. Hält sich die Luftbewegung in Grenzen, bleibt die weiße Pracht dick auf Ästen

OBEN: Die Laterne wirft ihr warmes Licht ins Dunkel. Weihnachten ist nicht mehr fern. Zeit, die Geschenke einzupacken.

und Zweigen liegen. Adelheid, die von 931 bis 999 lebte, wurde um 962 zur Kaiserin gekrönt. In den Jahren 991 bis 994 übernahm sie außerdem die Regentschaft für Otto III., ihren unmündigen Enkel.

17. Dezember

Schüttet Lazarus noch Wasser auf dein Haus, macht Thomas (21.12.) der Wärme den Garaus.

Eigentlich ist Lazarus immer für einen Kälteeinbruch mit Flockenwirbel gut. Regnet es aber an seinem Namenstag, springt Thomas gern in die Bresche und stellt mitunter die Weichen für weiße Weihnachtsfeiertage. Zumindest nimmt auch nach einem wenig winterlichen Verlauf der vorangegangenen Adventstage die bedingte Wahrscheinlichkeit eines Kälteeinbruchs zu.
Lazarus gilt als Patron der Totengräber und Aussätzigen. Er starb im 1. Jahrhundert entweder in Jerusalem, in Marseille oder in Kition, dem heutigen Larnaka auf Zypern.

OBEN: **Der prächtige Seidenschwanz frisst mit Vorliebe Beeren. Er kommt als Kälteflüchtling aus der Taiga zu uns.**

Wenn's im Dezember wintern tut, so wird der Sommer meistens gut.

Zumindest zwischen Dezember und Juni bestätigt sich diese Regel. Wirft man nämlich einen Blick auf die Dezembermonate mit einer Mitteltemperatur unter null Grad, so lässt sich feststellen, dass sich in etwa zwei Drittel aller Fälle der darauf folgende Juni durch eine über der Norm gelegene Monatsmitteltemperatur auszeichnet.

18. Dezember

Siehst du den Seidenschwanz trockene Beeren verzehren und hat seine Familie er mitgebracht, wird bald dich ein harter Winter beehren, mit grimmigem Frost in der Januarnacht.

Stellt sich der Seidenschwanz, den man als typischen Vogel der Taiga bezeichnen kann, vermehrt bei uns ein, bedeutet das, dass er in seiner eigentlichen Heimat nicht mehr ausreichend zu fressen findet. Das ist der

Fall, wenn in Nordskandinavien und Nordrussland viel Schnee bei sehr niedrigen Temperaturen liegt. Da die weiten Schneeflächen Fennoskandiens und Nordrusslands Quellgebiete für Kaltluft, die nach Mitteleuropa auszuströmen strebt, darstellen, muss bei verstärktem Erscheinen des Seidenschwanzes mit harter Winterkälte hierzulande gerechnet werden.

19. Dezember

Wenn trockener Dezemberfrost in die Wangen beißt, es Gutes für Rebstock und Fichte verheißt.

Ein Dezember, der sich durch harten Frost bescherende eisige Nordost- bis Ostwinde auszeichnet, hat im Folgejahr mit einer Wahrscheinlichkeit von 60 bis 70 Prozent einen warmen Juni zur Folge. Das tut den zu dieser Zeit in Blüte befindlichen Reben gut, während für den Austrieb der Fichten im Mai bei moderaten Temperaturen keine Gefahr droht.

20. Dezember

Kommt Zephyrinus mit eisigem Hauch, fällt Schnee zu Anastasia (25.12.) auf Baum und Strauch.

Deutet sich am Ende der zweiten Monatsdekade und somit um Zephyrinus ein Einbruch arktischer Polarluft an, kann sich ein länger anhaltender winterlicher Witterungsabschnitt einstellen. Das Weihnachtstauwetter »fällt« aus und es kann zu den Festtagen zu Flockenwirbel kommen. Setzt sich jedoch wie in sieben von zehn Jahren das Weihnachtstauwetter durch, können allerdings die Niederschläge zu Anastasia anfänglich auch noch als Schnee fallen.

Zephyrinus – der Name bedeutet »der Westwind« – erblickte in Rom das Licht der Welt (Geburtsjahr unbekannt) und starb im Jahre 217 oder 218. Er soll im Jahre 199 in Rom in das Bischofsamt eingeführt worden sein.

Zieht es den Hirsch von den Bergen ins Tal, wird bald Sturm auf der Höhe den Gämsen zur Qual.

OBEN: Der Schneemann als Wintersymbol sowie beliebtes Buch- und Postkartenmotiv fühlt sich nur bei Frostwetter wohl.

Um den langen Bergwinter zu überstehen, fressen sich Gämsen im nur kurzen, dennoch üppigen Bergsommer ein dickes Fettpolster an. Trotzdem sind sie gezwungen, rigoros Energie zu sparen, damit die Reserven bis zum Ende des Winters reichen. Da macht es sich der Hirsch leichter. Wenn Schneesturm droht, zieht es ihn in Richtung Tal. Denn in der Höhe setzt die Zunahme des Windes eher und viel stärker ein. Bereits bei geringsten Anzeichen eines Unwetters reagieren die Hirsche und verlassen die für sie todbringende Zone. Gämsen und Steinböcke aber harren dort weiter aus. Oft stehen sie tagelang wie angewurzelt auf einer Stelle, um keine Energie zu vergeuden.

21. Dezember

Wenn von Thomas bis Heiligabend
der Winter Schnee gebar,
bringt Stephan (26.12.) die weiße
Pracht in Gefahr.

Hat sich von Thomas bis Heiligabend eine Schneedecke ausgebildet, sind die Erwartungen im Hinblick auf weiße Festtage sehr groß. Der Traum von einer weißen Weihnacht wird im Tiefland zumeist jedoch durch die Realität einer grünen Weihnacht ernüchtert. Schuld daran ist eine Mitte des letzten Dezemberdrittels auftretende Witterungsperiode, während deren sogar in den höheren Lagen der Mittelgebirge ein zumindest teilweises Abschmelzen der Schneedecke erwartet werden muss. Dieser als »Weihnachtstauwetter« bekannte Regelfall tritt mit einer Wahrscheinlichkeit von immerhin 72 Prozent auf.

22. Dezember

Im Dezember sollen Eisblumen blüh'n,
Weihnachten sei nur auf dem Tische grün.

Der Landmann wünscht sich im Weihnachtsmonat nichts sehnlicher als eine Schneedecke, ist ihm doch sehr daran gelegen, dass die Saaten gut über den Winter kommen, ohne Erfrierungen am Blattapparat und ohne Wurzelschäden. Schneelose, grüne Weihnachten im Freien sollte es daher nicht geben. Das Grün sollte dem Tischschmuck und dem Weihnachtsbaum in der Stube vorbehalten bleiben.

23. Dezember

Verirren sich Hasen und Rehe auf des
Dorfes Straßen, hat der Wind Eisluft und
Schnee in Wald und Flur geblasen.

Wenn es Hasen und Rehwild in die Dörfer treibt, liegt das an einer hohen Schneedecke, die ihnen die Aufnahme von Nahrung erschwert, und an strenger Kälte, die ihren Energiehaushalt negativ beeinträchtigt. Die Tiere haben Hunger und suchen nach Fressbarem.

24. Dezember

Wintert's in der Christnacht aufs Dach,
so wintert's im Frühling nach.

Stellt ein kalter Dezember die Weichen auf weiße Festtage, ist die Wahrscheinlichkeit, dass an Heiligabend oder in der Heiligen Nacht die Flocken wirbeln, im Bergland recht hoch. In den Niederungen kommt der Flockentanz allerdings einer kleinen Sensation gleich, bedenkt man, dass sich dort Schneefall zur Bescherung in den späten Nachmittags- und Abendstunden des 24. Dezembers in einem Menschenleben nur dreimal einstellt. Einem kalten Dezember folgt in sieben von zehn Fällen ein Frühjahr mit unterdurchschnittlichem Wärmeangebot und gelegentlichem Flockenreigen.

25. Dezember

Zeigt Anastasia sich im weißen Kleid,
es täglich bis Silvester schneit.

Liegt um den ersten Weihnachtsfeiertag, an dem der Märtyrerin Anastasia von Rom gedacht wird, Schnee, ist die Wahrscheinlichkeit, dass Frau Holle bei frostigem Wetter bis

OBEN: Heiligabend. Das Fest der Liebe und des Friedens beginnt. Schneefall zur Bescherung tritt im Tiefland im Schnitt nur dreimal in einem Menschenleben auf.

Silvester täglich ihre Betten ausschüttelt, relativ hoch. Anastasia wurde im 3. Jahrhundert geboren und starb 304.

Wenn Anastasia und Stephan (26.12.) bittere Kälte bringen, wird im Februar schon der Winter ausklingen.

Der Reim lässt sich nicht von der Hand weisen, denn einem kalten Weihnachtsfest mit Reif und Schnee folgt mit einer Wahrscheinlichkeit von 60 Prozent ein insgesamt überdurchschnittlich temperierter Februar.

OBEN: Wieder geht ein Jahr zu Ende. Mit Feuerwerk und Knallerei sollen böse Geister vom neuen Jahr ferngehalten werden.

26. Dezember

Stoppt Stephan der rauen Winde Jagd, den Reben das nächste Jahr behagt.

Weinstöcke sind bei eisigen Winden besonders gefährdet und können ausfrieren oder Schaden nehmen. Wird die Häufigkeit eisiger Nordost- und Ostwinde mit Stephan eingeschränkt, halten sich mögliche Erfrierungen in Grenzen, sodass sich der Weinstock ungehindert entwickeln kann und nicht alle Kraft für seine Regenerierung verpulvern muss. Der als Patron der Pferde, Kutscher, Steinmetze und Zimmerleute geltende Stephanus starb um das Jahr 40 den Märtyrertod durch Steinigung vor den Toren Jerusalems. Er gilt als Helfer gegen Besessenheit, Kopfschmerzen sowie Steinleiden und wird als Erzmärtyrer verehrt.

27. Dezember

Brauchst du an Johannes weder Mantel noch Schal, wird an Makarius (2.1.) die Kälte zur Qual.

Mitunter ist es in der Zeit zwischen den Jahren so mild, dass kaum jemand um den Namenstag des heiligen Johannes eine jähe Änderung des Witterungscharakters um Silvester und Neujahr ins Kalkül zieht. Nach frühlingshafter Wärme kann dann ein Temperatursturz von einem Extrem in das andere für Mensch und Tier zu einer schweren Belastungsprobe werden.
Der Apostel, Evangelist und Märtyrer Johannes erblickte in Syrien das Licht der Welt

(Geburtsdatum unbekannt) und starb um 101 in Ephesus, in der heutigen Türkei gelegen. Er gilt als Patron der Bildhauer, Maler sowie Buchdrucker und wird für eine gute Ernte und gegen Hagel angerufen.

28. Dezember

Werfen die Unschuldigen Kindlein
mit Schnee, deckt er bis Roman (28.2.)
zu Gräser und Klee.

Tendenziell setzt gegen Monatsende ein Übergang zu kaltem Winterwetter ein. Schneedecken, die um den 28. Dezember fallen, halten sich mitunter den ganzen Winter hindurch. Am Tag der Unschuldigen Kinder wird der Knaben im Alter von bis zu drei Jahren gedacht, die Herodes in Bethlehem töten ließ, nachdem er die Kunde erhalten hatte, dass dort ein Thronrivale geboren worden war.

29. Dezember

An Jesse nutze die Gunst der Stunde,
mit Axt und Säge geh in den Wald hinaus,
denn von haltbarem Bauholz ist jetzt
die Kunde, such kräftige Bäume im Walde
dir aus, so bist beim Bauen mit der Natur
du im Bunde, und über hundert Jahre
wird stehen dein Haus.

Einer alten Auffassung zufolge soll in den letzten Dezembertagen geschlagenes Bauholz weder faul noch von Würmern befallen werden. Sie wird damit begründet, dass sich um Jesse der wenigste Saft im Stammholz befindet.

Jesse, oder auch Isai, ist eine Person aus dem Alten Testament der Bibel und war der Vater von König David.

30. Dezember

Denkt Felix schon an den Januar,
wird ein Wintermärchen um Dreikönig
(6.1.) wahr.

Wenn um den Namenstag von Bischof Felix I. die Temperaturen unter dem Gefrierpunkt liegen und länger anhaltender Schneefall einsetzt, kann man davon ausgehen, dass sich Dreikönig mit einem dicken Schneepelz präsentieren wird.
Der Märtyrer und Bischof Felix, der sich sehr für verfolgte Christen einsetzte, erblickte um 210 in Rom das Licht der Welt und starb dort im Jahre 273 oder 274.

31. Dezember

Treibt Sankt Silvester den Bauer auf die
warme Ofenbank, füllen sich im nächsten
Jahr Scheune, Truhe und Schrank.

Wenn Silvester Winterwetter mit knietiefem Schnee beschert, erfreuen sich die Saaten meist längere Zeit einer wärmenden Decke und können ihr Wachstum und ihre Entwicklung in gesundem Zustand im Frühjahr fortsetzen.
Über Papst Silvester I., der als Helfer für ein gutes Futterjahr verehrt wird, ist nur wenig bekannt. Während seiner im Jahre 314 als Bischof von Rom und als Papst begonnenen Amtszeit nahmen die Christenverfolgungen ein Ende. Silvester starb im Jahre 335.

Weiterführende Literatur

Folgende Bücher und Internetseiten möchte ich meinen Lesern empfehlen.
Aus ihnen erhielt ich Anregungen und Daten für meine Arbeit.

Literatur

Dammer, I., u. Adam, B.: Das große Heiligenlexikon. Seehamer Verlag, Weyarn 1999.

Kumpfmüller, J., u. Steinbacher, D.: Die besten Wetter- und Bauernregeln. Wilhelm Heyne Verlag, München 2006.

Malberg, H.: Bauernregeln. Ihre Deutung aus meteorologischer Sicht. Springer-Verlag, Berlin/Heidelberg 1989.

Michels, B.: Abendrot Schönwetterbot'. Wetterzeichen richtig deuten. BLV Buchverlag, München 2003.

Michels, B.: Der immerwährende, ganzheitliche Natur- und Wetterkalender. BLV Buchverlag, München 1998.

Müller, J.: 100 Bauernregeln, die wirklich stimmen. BLV Buchverlag, München 2011.

Müller, J.: Die beste Bauernregel für jeden Tag. BLV Buchverlag, München 2014.

Müller, J.: Bauernregeln, Wettersprüche und Lostagsreime. BS Verlag, Rostock 2008.

Weingärtner, H.: Wenn die Schwalben niedrig fliegen … Vom Nutzen der Wetter- und Bauernregeln. Kösel-Verlag, München 1996.

Internet

www.feste-der-religionen.de
www.heiligenlexikon.de
www.wetter.com/wetterlexikon

Bildnachweis

Flora Press/JS Sira: 81; Flora Press/Visions: 68.

Fotolia.com:
Andreas P: 91; Artjazz: 102; ArVis: 78; Axel Gutjahr: 110; Bäckersjunge: 46; Benshot: 37; by paul: 17; Carola Schubbel: 129; Christa Eder: 1; Christian Pedant: 23, 56, 116; Daniel Etzold: 127; David & Micha Sheldon: 152; Dmitry Naumov: 109; doris oberfrank-list: 118; feelheaven: 121; Franz Pfluegl: 100; Gorilla: 139; grechka27: 71; Gudellaphoto: 34; Harald Lange NaturBild 11; Hjschneider: 88; Johanna Mühlbauer: 85; iava777: 53; jörn buchheim: 107; K.-U. Häßler: 70; Kyrylo Grekov: 18; Michail Ushakov: 168; Minerva Studio: 103; Miredi: 64; Otmar Smit: 128; Otto Durst: 135; Phil_Good: 72; Pink Badger: 4l, 21; pressmaster: 126; romy fotos 20; schwarzwald-photo: 146; Serg Zastavkin: 87; Siegmar: 137; Stefan Körber: 167; usbfco: 151; Vitaly Krivosheev: 8.

Mauritius images:
AGE: 28, 95, 156; Alamy: 5l, 10, 29, 31, 57, 84, 93, 96, 112, 140, 154; André Pöhlmann: 130; Bernd Zoller: 122; Birgit Gierth: 104; Fritz Rauschenbach: 74; Garden World Images: 66; Garden World Images/Martin Hughes-Jones: 144; ImageBROKER/Ferdinand Hollweck: 160; ImageBROKER/Helmut Meyer zur Capellen: 43; ImageBROKER/Horst Sollinger: 97; ImageBROKER/Jens Schmitz: 5r, 159; ImageBROKER/Jürgen Müller: 41; ImageBROKER/Justus de Cuveland: 32, 108, 148; ImageBROKER/Klaus Peter Wolf: 27; ImageBROKER/Konrad Wothe: 36, 67; ImageBROKER/Markus Lange: 106; ImageBROKER/Martin Siepmann: 35; ImageBROKER/Meinrad Riedo: 99; ImageBROKER/Michael Peuckert: 39; ImageBROKER/Michael Weber: 45; ImageBROKER/Paul Mayall: 89; ImageBROKER/Reinhard Hölzl: 55; ImageBROKER/Ulrich Niehoff: 22; Jiri Hubatka: 171; Juice Images: 50; Jutta Ulmer: 142; Katja Kreder: 114; Loop Images: 90; Ludwig Mallaun: 172; Markus Mitterer: 165; Minden Pictures: 59; Radius Images: 163; Rolf Müller: 149; Science faction: 13, 69; Udo Siebig: 86; Werner Layer: 161; Westend61: 75.

Müller: 9, 52, 83, 98.
Reinhard: 58.

Shutterstock.com:
adina munteanu: 82; Aleksandr Sadkov: 117; Alexander Chaikin: 169; belizar: 120; Creative Travel Projects: 132; flaviano fabrizi: 47; Gertjan Hooijer: 49; Gilles DeCruyenaere: 61; gkuna: 79; Irina Vinnikova: 136; jan kranendonk: 33; Joppo: 40; kirillov alexey: 94; Margoe Edwards: 24; Maria Uspenskaya: 6; Mrs_ya: 60; ms. Octopus: 153; Nikolay Dimitrov - ecobo: 7; pio3: 12; Ponomarenko-Nataly: 2/3; ra3rn: 125; Ramon Espelt Photography: 80; SKatzenberger: 166; Soru Epotok: 51; steliangagiu: 48; Suzanne Tucker: 150; Teri Virbickis: 124; Theodore Scott: 76; V. J. Matthew: 4r, 38; Vaclav Volrab: 62; wjarek: 111; www.BillionPhotos.com: 147; Zeljko Radojko: 15.

Strauß: 162

Über den Autor

Dr. **Jurik Müller** beschäftigt sich seit etwa 35 Jahren mit Bauernregeln, über die er regelmäßig Artikel für Tageszeitungen und drei Bücher geschrieben hat. Nach dem Studium der Meteorologie an der Humboldt-Universität zu Berlin promovierte er zum Dr. agr. an der Martin-Luther-Universität Halle-Wittenberg. Er verfasste zahlreiche wissenschaftliche Beiträge zum Wasserhaushalt landwirtschaftlicher Kulturpflanzenbestände und wirkte bei der Erarbeitung eines Pflanzenbaulehrbuches mit. Außerdem ist sein Name mit der Erfindung des Wetterfaxes für Angelsportler eng verbunden. Bis Ende 2013 war Müller beim Deutschen Wetterdienst Leipzig in der agrarmeteorologischen Beratung tätig.

Impressum

Bibliografische Information der Deutschen Nationalbibliothek

Die Deutsche Nationalbibliothek verzeichnet diese Publikation in der Deutschen Nationalbibliografie; detaillierte bibliografische Daten sind im Internet über http://dnb.d-nb.de abrufbar.

BLV Buchverlag GmbH & Co. KG

80636 München

Umschlagkonzeption und Gestaltung: BLV-Verlag

Umschlagfotos:
Titelbild: H. Reinhard/Arco Images GmbH
Rückseite: shutterstock.com/gkuna

Lektorat: Danièle Böhm
Herstellung: Angelika Tröger
Layoutkonzeption: griesbeck design, München
Layout: Kathrin Michel, München

Gedruckt auf chlorfrei gebleichtem Papier

Printed in Germany
ISBN 978-3-8354-1503-4

Hinweis
Das vorliegende Buch wurde sorgfältig erarbeitet. Dennoch erfolgen alle Angaben ohne Gewähr. Weder Autor noch Verlag können für eventuelle Nachteile oder Schäden, die aus den im Buch vorgestellten Informationen resultieren, eine Haftung übernehmen.

www.facebook.com/blvVerlag